"十二五"国家重点图书出版规划项目

先进制造技术与应用前沿

激光切割技术

叶建斌　戴春祥 编著

上海科学技术出版社

图书在版编目(CIP)数据

激光切割技术/叶建斌,戴春祥编著. —上海:上海科学技术出版社,2012.7(2018.1重印)
(先进制造技术与应用前沿)
ISBN 978 - 7 - 5478 - 1214 - 3

Ⅰ.①激...　Ⅱ.①叶...②戴...　Ⅲ.①激光切割—研究　Ⅳ.①TG485

中国版本图书馆 CIP 数据核字(2012)第 036453 号

上海世纪出版(集团)有限公司
上 海 科 学 技 术 出 版 社　　出版、发行
(上海钦州南路 71 号　邮政编码 200235　www.sstp.cn)
虎彩印艺股份有限公司印刷
开本 787×1092　1/16　印张 15.25　插页 5
字数:250 千字
2012 年 7 月第 1 版　2018 年 2 月第 2 次印刷
ISBN 978 - 7 - 5478 - 1214 - 3/TN • 9
定价:98.00 元

内 容 提 要

　　激光切割技术是激光技术在工业中的主要应用,它已成为当前工业加工领域应用最多的激光加工方法。本书系统阐述了激光切割原理、工艺方法及应用等内容。本书共分七章:第1章介绍激光加工技术的特点、应用及发展,并简介常用激光加工技术;第2章论述激光加工技术基础,包括激光加工光学系统、成套设备系统以及激光与金属材料的交互作用机理等;第3章论述激光切割的机理、特点,三维激光切割关键技术以及激光切割设备;第4章分析激光切割工艺及激光切割控制的难点,并介绍常用工程材料的激光切割;第5章阐述激光切割质量评价及影响因素以及德国 TRUMPF(通快)公司制定的激光切割质量评估标准;第6章结合具体激光切割设备论述激光切割的实际应用,包括金属板材激光切割关键技术及应用实例、激光切割在造船工业的应用、三维激光切割及其在汽车制造中的应用以及光纤激光器及其在激光切割中的应用等;第7章以上海团结普瑞玛激光设备有限公司生产的激光切割设备为例,介绍激光切割中可能产生的故障及其处理方法,并论述激光切割中常见问题及解决措施。

　　本书按照激光切割原理、工艺方法及应用的思路来编写,既顾及激光原理及技术的完整性并兼顾可读性和实用性,又充分考虑阅读时的可选性,在内容上还编入了一定量的激光切割设备的操作实例,以求更好地做到理论与实际相结合。本书可作为大专院校激光加工技术、光信息科学与技术、光电仪器类专业的教材,也可供相关专业学生及从事激光切割的应用、研究、生产等科研和工程技术人员参考。

编撰委员会

先进制造技术与应用前沿

主　　任　路甬祥

副 主 任　李蓓智　曹自强

委　　员　（按姓氏笔画排序）

王庆林　石来德　包起帆　严仰光

杜宝江　李　明　李　春　李希明

何　宁　何亚飞　陈　明　阎耀保

葛江华　董丽华　舒志兵

学术专家　艾　兴　汪　耕　周勤之

前　言

激光加工技术是一门综合性的高科技技术,它交叉了光学、材料科学与工程、机械制造学、数控技术及电子技术等学科,属于当前国内外科技界和产业界共同关注的热点。由于激光固有的四大特性(高的单色性、方向性、相干性和亮度),它被广泛地应用于工业、农业、国防、医学、科学实验和娱乐等诸多方面,并发挥着十分重要的作用。

激光加工技术发展非常迅速,其应用范围日趋广泛,因而激光被誉为"万能加工工具"、"未来制造系统的共同加工手段"。先进工业国家的企业由于广泛应用激光加工技术,其生产技术正发生质的变化。目前,我国企业应用激光加工技术的速度正在不断加快,但与发达国家相比还有很大差距。

目前已经出版的同类书籍中,主要是论述有关激光加工技术、工艺、装备等方面的内容,很少有详细介绍或论述激光切割原理、工艺方法及应用方面的论著,因此,非常有必要编写一本专门论述激光切割技术的基本理论、工艺及最新应用的书。本书就是在这种背景下应运而生的。

本书按照激光切割原理、工艺方法及应用的思路来编写,既顾及激光原理及技术的完整性并兼顾可读性和实用性,又充分考虑阅读上的可选性,在内容上还编入了一定量的激光切割设备的操作实例,以求更好地做到理论与实际相结合。

本书由上海文日方实业发展有限公司叶建斌高工、上海大学机电工程与自动化学院戴春祥博士合作编写,全书由叶建斌审核并定稿。参加本书文字、插图整理的还有施永康、周晓飞、伍书永、叶德诗等。

在本书编写过程中,得到在激光切割应用领域有资深经验的上海文日方实业发展有限公司副总经理刘拥葛先生、在激光加工理论与设备方面有相当知名度的上海团结普瑞玛激光设备有限公司总经理罗敬文先生以及上海大学机电工程与自动化学院李明教授的指导和帮助,他们对本书的编写提出了一些有益的、建设性的建议和意见,在此表示衷心的感谢。还要感谢本书参考文献中所列的所有作者,他们的著作和论文为本书的编写提供了理论上以及实践上的借鉴。

　　由于编者水平有限,书中难免存在不当和错误,敬请广大读者批评指正。

编者

2012 年 1 月

目 录

ontents

第三章　激光切割技术原理及特点　　　75

第五章　激光切割质量评价及影响因素　　132

第六章　激光切割的实践应用　　167

第一章

激光加工技术绪论

第一节　激光原理及其特性

一、　激光产生的背景

激光的英文名 laster，是"Light amplification by stimulated emission of radiation"的缩写，意为"受激辐射式光频放大"。世界上第一台激光器是美国科学家梅曼（T. H. Maiman）于 1960 年研制成功的。

1960 年 7 月 7 日，美国 New York Times 发表了梅曼研制成功第一台激光器的消息，随后又在英国 Nature 和 British Commum 发表，第二年其详细论文在 Physical Review 上刊出。其实，爱因斯坦（Einstein）在 1916 年便提出了一种现在称为光学感应吸收和光学感应发射的观点（又称受激吸收和发射），这一观点后来成为激光器的主要物理基础。1952 年，马里兰大学的韦伯（Weiber）开始运用上述概念放大电磁波，但其工作没有进展，也没有引起广泛的注意。只有激光的发明人汤斯（C. Towes）向韦伯索要了论文，继续这一工作，才打开了一个新的领域。汤斯的设想是：由 4 个反射镜围成一只玻璃盒，盒内充以铯，盒外放一盏铯灯，使用这一装置便可以产生激光。汤斯的合作者肖洛（A. Schawlow）擅长光谱学，对原子光谱及两平行反射镜的光学特性十分熟悉，便对汤斯的设想提出了两条修改意见：

（1）铯原子不可能产生光放大，建议改用钾（其实钾也不易产生激光）。

（2）建议用两面反射镜便可以形成光的振荡器，不必沿用微波放大器的封闭盒子作为谐振器。

直到现在，尽管激光器的种类很多，但汤斯和肖洛的这一设想仍然是各类激光器的基本结构。

1958 年 12 月,Physical Review 发表了汤斯和肖洛的文章后,引起了物理界的关注,许多学者参加了这一理论和实验研究,都力争自己能造出第一台激光器。汤斯和肖洛都没有取得成功,原因是汤斯遇到了无法解决的铯和钾蒸气对反射镜的污染问题,而肖洛在实验研究后却误认为红宝石不能产生激光。可是,一年多后在世界上出现的第一台激光器正是梅曼用红宝石研制成功的。尽管世界上第一台红宝石激光器不是由汤斯和肖洛研制出来的,但是他们所提出的基本概念和构想却被公认是对激光领域划时代的贡献。

以下是激光器的发展历程:

(1) 1962 年出现了半导体激光器。

(2) 1964 年由帕特尔(C. Patel)发明了第一台 CO_2 激光器。

(3) 1965 年发明了第一台 YAG(钇铝石榴石)激光器。

(4) 1968 年开始发展高功率 CO_2 激光器。

(5) 1971 年出现了第一台商用 1 kW CO_2 激光器。

上述一切,特别是高功率激光器的研制成功,为激光加工技术应用的兴起和迅速发展创造了必不可少的前提条件[1]。

二、　激光产生原理

激光是通过原子受激辐射发光和共振放大形成的。原子具有一些不连续分布的能电子,这些能电子在最靠近原子核的轨道上转动时是稳定的,这时原子所处的能级为基态。当有外界能量传入,则电子运行轨道半径扩大,原子内能增加,被激发到能量更高能级,这时称之为激发态或高能态。被激发到高能级的原子是不稳定的,总是力图回到低能级去。原子从高能级到低能级的过程称为跃迁。原子在跃迁时,其能量差以光的形式辐射出来,这就是原子发光,是自发辐射的光,又称荧光。如果在原子跃迁时受到外来光子的诱发,原子就会发射一个与入射光子的频率、相位、传播方向、偏振方向完全相同的光子,这就是受激辐射的光。

原子被激发到高能级后,会很快跃迁回低能级,它停在高能级的时间称为原子在该能级的平均寿命。原子在外来能量的激发下,使处于高能级的原子数大于低能级的原子数,这种状态称为粒子数反转。这时,在外来光子的刺激下，产生受激辐射发光，这些光子通过光学谐振腔的作用产生放大，受激辐射越来越强，光束密度不断增大，形成了激光。

由上述激光原理可知，任何类型的激光器都要包括三个基本要素[1]：可以受激发的激光工作物质；工作物质要实现粒子数反转；光学谐振腔。

三、 激光的特性

激光与其他光相比，具有以下的特点：高亮度、高方向性、高单色性和高相干性[2, 6]。

1. 激光的高亮度

光源的亮度 B 定义为光源单位发光表面沿给定方向上单位立体角内发出的光功率，单位为 $W/(cm^2 \cdot sr)$。对于激光而言，其辐射亮度按下式计算：

$$B = P/(S \cdot \Omega) \tag{1-1}$$

式中　S——给定方向上发光表面面积(cm^2)；

　　　Ω——给定方向上的立体发散角(sr)；

　　　P——给定方向上单位立体发散角发出的光功率(W)。

激光辐射亮度单位中的 sr 为立体发散角的单位，即球面度。

太阳光的亮度约为 2×10^3 $W/(cm^2 \cdot sr)$，气体激光的亮度为 10^8 $W/(cm^2 \cdot sr)$，固体激光的亮度更高达 10^{11} $W/(cm^2 \cdot sr)$。这是由于激光器的发光截面 S 和立体发散角 Ω 都很小，而输出功率 P 都很大的缘故。激光亮度远远高于太阳光的亮度，经透射镜聚焦后，能在焦点附近产生几千度甚至上万度的高温，因而能加工几乎所有的材料。

2. 高方向性

激光的高方向性主要是指其光束的发散角小。光束的立体发散角为：

$$\Omega = \theta_2 \approx (2.44\lambda/D)^2 \tag{1-2}$$

式中　λ——波长(μm)；

　　　D——光束截面直径(mm)。

一般工业用高功率激光器输出光束的发散角为毫拉德(m rad，1 rad=10 mGy)量级。对于基模或高斯模，光束直径和发散角最小，其方向性也最好。激光的高方向性使激光能有效地传递较长距离，能聚焦得到极高的功率密度，这在激光切割和激光焊接中是至关重要的。

3. 高单色性

单色性用 $\Delta\nu/\nu = \Delta\lambda/\lambda$ 来表征,其中 ν 和 λ 分别为辐射波的中心频率和波长,$\Delta\nu$、$\Delta\lambda$ 是谱线的线宽。原有单色性最好的光源是 Kr^{86} 灯,其 $\Delta\nu/\Delta\lambda$ 值为 10^{-6} 量级,而稳频器的输出单色性 $\Delta\nu/\Delta\lambda$ 可达 $10^{-10} \sim 10^{-13}$ 量级,要比原有 Kr^{86} 灯的高几万倍至几千万倍,几乎完全消除了聚焦透镜的色散效应,使光束能精确地聚焦到焦点上,得到很高的功率密度,相应的功率密度可达 $0.10 \sim 10^3 \ mW/cm^2$,比一般的切割热源高几个数量级。

4. 高相干性

相干性主要是描述光波各个部分的相位关系。其中,空间相干性 S 描述垂直光束传播方向的平面上各点之间的相位关系;时间相干性 Δt 则描述沿光束传播方向上各点的相位关系。相干性完全是由光波场本身的空间分布(发散角)特性和频率谱分布特性(单色性)所决定的。由于激光的 θ,$\Delta\nu$ 和 $\Delta\lambda$ 都很小,故其 $S_{相干} = \dfrac{\lambda}{\theta}$ 和相干长度 $L_{相干} = c \cdot \Delta t_{相干} = \dfrac{c}{\Delta\nu}$ 都很大。式中,c——光速。因激光相干性好,在较长时间内有恒定的相位差,可以形成稳定的干涉条纹。

正是由于激光具有如上所述四大特点,才使其得到了广泛的应用。激光在材料加工中的应用就是其应用的一个重要领域。

四、　激光加工的特点

由于激光具有上述四大特性,因此,就给激光加工带来了如下传统加工所不具备的可贵特点[3]:

(1) 由于是无接触加工,并且激光束的能量及移动速度均可调,因此可以实现多种加工。

(2) 可用来加工多种金属、非金属,特别是可以加工高硬度、高脆性及高熔点的材料。

(3) 激光加工过程中无"刀具"磨损,无"切削力"作用于工件。

(4) 激光加工的工件热影响区小,工件热变形小,后续加工量小。

(5) 激光可通过透明介质对密闭容器内的工件进行各种加工。

(6) 激光束易于导向。通过聚焦可以实现各方向变换,极易与数控系统配合,对于复杂工件进行加工,因此,激光加工是一种极为灵活的加工方法。

(7) 激光加工生产效率高,加工质量稳定可靠,经济效益和社会效益显著。

第二节　激光加工技术概述

一、　激光加工技术的应用

五十多年来,激光加工技术与应用发展迅猛,已与多个学科相结合形成多个应用技术领域,而激光的主要加工技术包括:激光切割、激光焊接、激光打标、激光打孔、激光热处理、激光快速成型、激光涂敷等。

激光加工技术是激光技术在工业中的主要应用,它加速了对传统加工业的改造,提供了现代工业加工技术的新手段,对工业发展影响很大。特别是激光切割已成为当前工业加工领域应用最多的激光加工方法,可占整个激光加工业的70%以上。

目前,激光加工技术已广泛应用于能源、交通运输、钢铁冶金、船舶与汽车制造、电子电气工业、航空航天等国民经济支柱产业。随着科学技术的不断进步与应用,激光加工技术必定还会进一步向其他领域迈进。

二、　激光加工技术的发展

迄今为止,全球已形成了以美国、欧盟、日本等国家或地区为领头羊的激光加工市场,激光加工技术正以前所未有的速度发展,并成为21世纪先进加工及制造技术,并已经在全球形成了一个新兴的高技术产业。

以激光切割为例,目前,国际上有代表性的激光切割设备制造商有:德国TRUMPF(通快)公司,瑞士BYSTRONIC(百超)公司,意大利PRIMA(普瑞玛)公司,美国PRC公司和日本MAZAK公司等。这些国际知名公司已陆续开发出了大功率、大幅面、高速、飞行光路、三维立体、自动数控的激光切割机,并且每年都在推出新的机型。如百超2002年推出加速度$2g$的高速机床(g,重力加速度),2007年推出加速度$3g$(g,重力加速度)的高速机床,技术发展之迅速可见一斑。

近几年来,我国在数控激光切割技术装备领域发展迅速,CO_2激光器功率达到4 kW,加工幅面从3 015 mm到6 030 mm都能实现,各种光路设计都已成熟应用,在驱动方面普遍采用直线电机伺服系统,国产数控激光切割设备已经具备较强的市场竞争能力。

随着激光切割的逐步普及,市场要求进一步提高切割效率(高速切割),降低待机时间(自动上下料系统),扩大应用面(向三维立体切割、厚板、高反射材料方向发展),降低运行成本(降低电耗)等。

激光切割加工广阔的应用市场,加上现代科学技术的迅猛发展,使得国内外激光研究学者对激光切割加工技术进行不断深入的研究,推动着激光切割技术不断地向前发展,发展包括以下几个方面:

(1) 伴随着激光器向大功率发展以及采用高性能的 CNC 及伺服系统,使用高功率的激光切割可获得高的加工速度,同时减小热影响区和热畸变,所能够切割的材料板厚也将进一步地提高。高功率激光可以通过使用 Q 开关或加载脉冲波,从而使低功率激光器产生出高功率激光。

(2) 根据激光切割工艺参数的影响情况,改进加工工艺,如:增加辅助气体对切割熔渣的吹力;加入造渣剂提高熔体的流动性;增加辅助能源,并改善能量之间的耦合;改用吸收率更高的激光(YAG 激光或 CO_2 激光等)切割。

(3) 激光切割将向高度自动化、智能化方向发展。将 CAD/CAPP/CAM 以及人工智能运用于激光切割,研制出高度自动化的多功能激光加工系统。

(4) 根据加工速度自适应地控制激光功率和激光模式,或建立工艺数据库和专家自适应控制系统使得激光切割整机性能普遍提高。以数据库为系统核心,面向通用化的 CAPP 开发工具,对激光切割工艺设计所涉及的各类数据进行分析,建立相适应的数据库结构。

(5) 向多功能的激光加工中心发展,将激光切割、激光焊接以及热处理等各道工序的质量反馈集成在一起,充分发挥激光加工的整体优势。

(6) 随着 Internet 和 Web 技术的发展,建立基于 Web 的网络数据库,采用模糊推理机制和人工神经网络来自动确定激光切割工艺参数,并且能够远程异地访问和控制激光切割过程,成了不可避免的趋势。

(7) 三维高精度大型数控激光切割机及其切割工艺技术。为了满足汽车和航空等工业的立体工件切割的需要,三维激光切割机正向高效率、高精度、多功能和高适应性方向发展,激光切割机器人的应用范围将会愈来愈大。激光切割正向着激光切割单元 FMC 无人化和自动化方向发展。

(8) 光纤激光切割。由于符合光纤激光器发展需要的各种光纤结构、光纤材料,特别是各种稀土掺杂光纤材料和新的激光泵浦技术均得到了快速的发展,极大地推动了光纤激光器技术的进步。目前国内外对于光纤激光器的研究方向和热点主要集中在高功率光纤激光器、高功率光子晶体光纤激光器、窄线宽可调谐光纤激光器、多波长光纤激光器、超短脉冲光纤激光器、拉曼光纤激光器等几个方面。

中国在今后的五到十年里,激光切割装备将会迎来快速增长与发展的时机,市场需要不同种类、功率更高的激光器以及相关技术及器件。目前国内一些激光器件及技术与国外差距较大,缩小差距不仅要进行高强度的自主创新,同时还要加强国际间的技术交流与合作,与外国同行共同把握住中国快速发展的节奏,做到互利双赢,共同发展。

可以预计,未来的五到十年里,大功率激光三维切焊一体机、大台面激光切割技术、大功率激光切割柔性制造系统(FMS)、大功率激光焊接工业系统将在我国各行各业被广泛应用。我们期望"中国装备,装备中国",期望激光产业设备在我国国民经济建设中发挥出巨大的作用。

第三节　激光切割技术概述

激光切割技术是激光技术在工业中的主要应用,它已成为当前工业加工领域应用最多的激光加工方法,可占整个激光加工业的 70% 以上。本书后续章节将系统阐述激光切割原理、工艺方法及应用等。

一、　激光切割技术的特点

激光切割是利用聚焦的高功率密度激光束照射工件,在超过激光阈值的激光功率密度的前提下,激光束的能量以及活性气体辅助切割过程所附加的化学反应热能全部被材料吸收,由此引起激光作用点的温度急剧上升,达到沸点后材料开始汽化,并形成孔洞,随着光束与工件的相对运动,最终使材料形成切缝,切缝处的熔渣被一定的辅助气体吹除。

激光切割以其切割范围广、切割速度高、切缝窄、切割质量好、热影响区小、加工柔性大等优点在现代工业中得到了极为广泛的应用,激光切割技术也成为激光加工技术中最为成熟的技术之一。

二、　激光切割技术的应用及发展

1. 激光切割技术的应用

激光切割可分为汽化切割、熔化切割、氧助熔化切割和控制断裂切割,其中以氧助熔化切割应用最广。根据切割材料可分为金属激光切割和非金属激光切割。

从工业应用领域来看,金属和非金属的激光切割是激光加工最主要的应用领域,最具代表性的应用是在汽车工业中,从轿车底板的激光拼焊,顶棚的激光焊接,车身覆盖件三维轮廓的激光切割到汽车转向器零件的激光淬火等,都有大量的应用。据估计,约有 60% 的汽车零部件可以通过激光加工来提高质量。激光切割过程中无"刀具"的磨损,无"切削力"作用于工件,激光切割板材其切割效率可以提高 8～20 倍,节省材料 15%～30%,可以大幅度降低生产成本,且加工精度高,产品质量可靠。美国、欧洲和日本等工业发达国家和地区的激光加工已经形成了一个新兴的高技术产业,工业激光器和激光加工机的销售逐年递增,应用领域规模不断扩大。

日本是最早将激光切割加工系统引进到汽车生产中的国家,主要应用于大型覆盖件的下料切边,挡风板的激光切割等。美国福特和通用汽车公司以及日本的丰田、日产等汽车公司,在汽车生产线上普遍采用激光切割技术。它不必采用各种规格的金属模具,除了快速方便地切割各种不同形状的坯料外,还用来大量切割加工因规格不同而需要更改的零件安装孔位置,如汽车标志灯、车架、车身两侧装饰线等。通用汽车公司生产的卡车,仅车门就有直径为 2.8～39 mm 的 20 种孔。该公司采的 Rofin-Sinar 的 500 W 激光器通过光纤连接到装在机械手上的焊头,用以切割这些孔,1 min 就完成一扇门开孔的加工。孔边缘光滑,背面平整。2.8 mm 孔的公差为 $^{+0.08}_{+0.03}$ mm;12 mm 孔的公差为 $^{+0.03}_{-0.25}$ mm。该公司生产的卡车和客车由 89 种孔径和孔位配置不同的底盘,经过优化设计,现在只需要冲压 5 种不同的底盘,由激光切割出配置不同的孔,简化了工艺,提高效率,降低了成本。相对而言,日本在激光加工工艺方面的研究更是走在世界的前列,已经在车门制造过程中将钢板切割、焊接和压模成形一体化,并且取得了很大的进展。

三维激光切割技术,由于其本身具有加工灵活和保证质量的特性,在 20 世纪 80 年代就开始在汽车车身制造中应用。切割时只需用平直的支撑块来支撑工件，因此，夹具的制作不仅成本低而且快速。由于与 CAD/CAM 技术相结合，切割过程易于控制，可实现连续生产和并行加工，从而实现高效率的切割生产。相对于 CO_2 激光器，YAG 激光器可通过光导纤维输送，比较灵活方便，适用于机器人手执激光"喷嘴"配合程序控制进行精确操作，因此在三维切割时大多采用 YAG 激光器。三维激光切割在车身装配后的加工也十分有用，如开行李架固定孔、顶盖滑轨孔、天线安装孔，修改车轮挡泥板形状等。在新车试制中将三维激光切割用于切割轮廓和修正，既缩短了试制周期又省去了模具，充分体现出采用激光切割加工的优点。

2. 激光切割技术的发展

在激光切割工艺研究方面，主要集中于对激光模式、激光输出功率、焦点位置以及喷嘴形状等问题的研究。早在 20 世纪 70～80 年代，美国、德国以及日本等国家已经在大量的激光切割工艺试验的基础上，总结激光切割工艺，建立工艺数据库，并着手研究高性能的激光切割系统，20 世纪 90 年代初期，国外就已经推出了一些高性能的激光切割系统，具有加工参数自动设定的功能。

同国外的发展情况相比，我国的激光加工技术研究起步较晚，基础工业相对落后，工业生产自动化程度不是很高，市场竞争意识薄弱。但是由于国家高度重视发展高科技产业，经过长期不懈的努力已经取得了可喜的成果，尤其在激光切割方面，成果更加显著。主要分为以下三个阶段：

第一阶段：早在 20 世纪 70 年代中期，我国就开始激光切割试验，到 70 年代末，中科院长春光机所就为成都飞机制造厂安装了中功率（500 W 左右）激光器，用于切割飞机零件。1976 年，由中科院长春光机所、长春第一汽车制造厂轿车分厂等单位合作研制的 CO_2 激光机成功地应用于"红旗"牌轿车的覆盖件的切割，这是我国激光切割发展的第一阶段。

第二阶段：从 20 世纪 80 年代中期开始，上海、株洲和天津等地先后全套引进高功率（1 500 W 左右）激光切割系统，较广泛地把激光切割新工艺引入了我国的工业制造领域。

第三阶段：20 世纪 90 年代以后是激光切割发展的第三阶段，开始发展中、高功率的，具有适合切割光束模式的快流 CO_2 激光系统（包括激光器、切割机床和数控系统）为工业界服务。

激光加工技术除被列入国家重点科技攻关外，它也被列入国家自然科学基金、国家 863 计划、国家火炬计划等项目。为了推动激光加工产业化的进程，我国还建立了三个国家级的激光加工中心。它们分别是：国家科委组建的"国家固体激光工程技术研究中心",依托于电子工业部第十一研究所;由国家计委组建的"激光加工国家工程研究中心",依托于华中科技大学激光技术与工程研究院;由国家经贸委组建的"国家产学研激光加工技术中心",依托于北京市机电研究院和北京工业大学。

在激光切割方面,目前基本上集中在平板切割,主要是用于覆盖件的下料和样板切割,而在激光三维切割方面的应用研究才开始起步。国家自然科学基金委在 1997 年把"大功率 CO_2 及 YAG 激光三维焊接和切割理论与技术"作为重点项目进行资助,国家产学研激光技术中心的有关学者对此进行了系统的研究,为在我国汽车车身制造业中应用三维激光立体加工技术做出了很大贡献。该中心拥有从德国 TRUMPF 公司引进的具有 20 世纪 90 年代国际水平的 6 000 kW Turbo 型 CO_2 激光器及与之相配套的五轴联动激光加工机,可实现对零件的五面体切割和焊接;从 Hass 公司引进的 500 W YAG 激光器及六轴机械手和光纤传输系统,可实现工件空间任意位置的切割和焊接。该中心为一汽轿车公司、宝山钢铁公司等国有大型企业的技术改造,开展了重大工程项目攻关。其中,开发"红旗"加长型轿车覆盖件的三维激光制造工艺技术,在我国轿车生产中是首次采用;在汽车用薄厚钢板激光大拼板拼接工艺试验研究中,首次采用了激光切割替代精裁的工艺技术,取得了较好的技术经济效果。在企业方面,柳州微型汽车厂也已经有了五轴 CO_2 激光加工机;上海大众汽车公司新的桑塔纳生产线也在引进高功率 YAG 三维加工系统;济南铸锻研究所为一汽开发的六轴 CO_2 激光加工机也已进入运行阶段,用作轿车车身的切割成形。

第四节　其他常见激光加工技术简介

一、　激光焊接技术[3]

自 1960 年发明第一台激光器以来,人们对激光的特性进行了研究,并论证了激光的应用前景。在 1964～1965 年相继发明了 CO_2、YAG 激光器后才进一步证实了激光加工材料的可行性,这是因为这两种激光器可以产生高的平均功率和峰值功率。经过物理学家对激光特性和激光束与物质相互作用机理的研究,激光技术的应用领域才不断明确和具体化。激光焊接技术是激光工业应用的一个重要方面,在激光出现不久就有人开始了激光焊接技术的研究。

激光焊接技术经历由脉冲波向连续波的发展,由小功率薄板焊接向大功率厚件焊接发展,由单工作台单工件加工向多工作台多工件同时焊接发展,以及由简单焊缝形状向可控的复杂焊缝形状发展,激光受激物质也包含了多种气体和固体晶体。激光焊接的应用也随着激光焊接技术的发展而发展。目前,激光焊接技术已应用在航空航天、武器制造、船舶工业、汽车制造、压力容器制造、民用及医用等多个领域。很多学者将激光加工连同电子束加工和离子束加工并称为 21 世纪最具发展前景及最有效的加工技术。

早期的激光焊接研究试验大多数是利用红宝石脉冲激光器,当时虽然能够获得较高的脉冲能量,但是这些激光器的平均输出功率相当低,这主要是由激光器很低的工作效率和发光物质的受激性所决定的。目前,激光焊接主要使用 CO_2 激光器和 Nd：YAG(Neodymium-doped Yttrium Aluminium Garnet,掺钕钇铝石榴石)激光器。Nd：YAG 激光器由于具有较高的平均功率,在它出现之后就成为激光点焊和激光缝焊的优选设备。Ready 在 1971 年曾指出激光焊接与电子束焊接的显著区别在于激光辐射不能产生穿孔焊接方式。而实际上,当激光脉冲能量密度达到 10^6 W/cm^2 时,就会在被焊接金属材料焊接界面上形成焊孔,小孔的形成条件得到满足,从而就可以利用激光束进行深熔焊接。

在 20 世纪 70 年代以前,由于高功率连续波形(CW)激光器尚未开发出来,所以研究重点集中在脉冲激光焊接(PW)上。早期的激光焊接研究实验大多数是利用红宝石脉冲激光器,1 ms 脉冲典型的峰值输出功率 P_m 为 5 kW 左右,脉冲能量 J_p 为 1~5 J,脉冲频率 $f \leqslant 1$ Hz。当时虽然能够获得较高的脉冲能量,但这些激光器的平均输出功率 P_a 却相当低,这主要是由激光器很低的工作效率和发光物质的受激性状决定的。Nd：YAG 激光器由于具有较高的平均功率,在它出现之后很快就成为点焊和缝焊的优选设备,其焊接过程是通过焊点搭接而进行的,直到 1 kW 以上的连续功率波形激光器诞生以后,具有真正意义的激光缝焊才得以实现。

随着千瓦级连续 CO_2 激光器焊接试验的成功,激光焊接技术在 20 世纪 70 年代初取得了突破性进展。在大厚度不锈钢试件上进行 CO_2 激光焊接,形成了穿透熔深的焊缝,从而清楚地表明了小孔的形成,而且激光焊接产生的深熔焊缝与电子束焊接相似。这些利用 CO_2 激光器进行金属焊接的早期工作证明了高功率连续激光焊接的巨大潜能。日本、德国、英国和苏联等国的研究人员也相继报道了高功率 CO_2 激光焊接技术的发展及其优化。CO_2 激光焊接继续的发展集中于如何获得高光束质量的致密可靠的激光源,如何理解和解释接头设计、焊接速度、光束聚焦和等离子体效应之间的复杂相互作用及其与焊接性能的关系。除少数特例外,在这些研究中,基本不采用功率高于 20 kW 的激光器进行焊接,事实上,激光焊接工艺开发与发展的后来实际工作表明,使用功率超过 $12\sim15$ kW 的激光器进行激光焊接,并不会获得更好的效益,除非应用在焊接速度及高级金属工件厚度极大的场合。

由于金属对钕玻璃激光反射串远远低于 CO_2 激光,因此,相对于 CO_2 激光器来讲,使用平均功率大大降低的钕玻璃激光进行焊接就可以获得与 CO_2 激光焊接相当的焊接质量,光纤传导技术可以较好地应用于钕玻璃激光,而 CO_2 激光不具备这种性能。

在钕玻璃与 $Nd:YAG$ 激光点焊的早期开发中,$1.06\ \mu m$ 波长的激光功率只有几百瓦。由于大多数金属在 $1.06\ \mu m$ 波长的激光下的反射率,远远低于在 $10.6\ \mu m\ CO_2$ 激光波长作用下的反射率,因此相对于 CO_2 激光器来说,使用平均功率大幅度降低的 $1.06\ \mu m$ 波长的固体激光器(钕玻璃激光器或 $Nd:YAG$ 激光器)进行激光焊接,可获得相当好的焊接质量。而且,光纤传导技术可以较好地应用于 $1.06\ \mu m$ 波长的激光,甚至功率高于 4 kW 也是可行的,而 CO_2 激光则不具备这种性能。在 20 世纪 80 年代初期,$Nd:YAG$ 激光的平均输出功率范围为 $200\sim1\ 000$ W,而高功率激光仅能在多模下获得脉冲能量范围为每脉冲 $5\sim100$ J,对于脉宽为 $0.1\sim10$ ms 的脉冲,其频率可达 200 Hz。目前,功率为 2 kW 的连续脉冲固体激光器已经在材料的激光焊接领域得到了较为广泛的应用。

CO_2 激光的发展重点仍然集中于设备的开发研制,但是已不在于提高最大输出功率,而在于如何提高光束的质量及其聚焦性能。与 CO_2 激光器发展不同的是,$Nd:YAG$ 激光焊接系统的发展趋势仍然是如何提高平均功率,这个发展趋势受到高质量晶体生产困难和激光技术的限制。此外,$Nd:YAG$ 激光的导光与传输系统也有待于得到进一步的优化。目前,已有学者报道了平均功率为 4 kW 的 $Nd:YAG$ 激光焊接的实验数据。用于激发高功率 $Nd:YAG$ 晶体的二极管激光组合的应用是一项重要的发展课题,该应用必将大大提高激光束的质量,并形成更加有效的激光加工。采用直接二极管阵列激发输出波长在近红外区域的激光,其平均功率已达 1 kW,光电转换率接近 50%。这些激光设备和技术将会在激光焊接应用方面向 CO_2 激光器和 $Nd:YAG$ 激光器发起挑战。

激光焊接工艺能够向工件传输高于 10 kW/cm^2 的功率密度,因此,激光焊接能够形成深宽比较大的、小孔状的熔深。众所周知,激光焊接工艺有两大缺点和难题,即很高的成本和较低的能量转换率。然而激光焊接也有许多优势所在,如热源和光路容易操纵,控制简单,工件的变形小,热影响区小,精确性和自动化程度高,大多数情况下不需要真空室等。激光焊接的这些优点足以弥补其不足。由于激光束能够获得相当高的能量密度,而且是一种清洁的并方便控制的热源,所以,激光加工引起了生产和科研领域的广泛关注和浓厚兴趣。根据激光加工工作方式可分为连续波激光和脉冲波激光。在激光加工开发的早期,能够进行材料熔化、切割与焊接的激光器多为脉冲输出的固态激光器(如钕玻璃和 Nd：YAG 激光器),连续波型激光器不具备材料加工所需要的足够的输出功率。然而近二十年中,高功率连续波 CO_2 激光器(激光波长 $10.6 \text{ }\mu\text{m}$)和 Nd：YAG 激光器(激光波长 $1.06 \text{ }\mu\text{m}$)的发展导致激光输出为热源的加工应用日趋增多和普遍,应用领域包括激光切割、焊接、热处理、表面改性等。目前几乎所有用于焊接和热处理的 Nd：YAG 激光器都与光导纤维系统组合使用,具有革新性的光导纤维传送系统与 Nd：YAG 激光器结合大大增加了激光加工系统的方便性与灵活性,这种组合系统对于工业上的多工作台同时加工及机器人或机械手操纵非常理想。而且 Nd：YAG 激光器比 CO_2 激光器更适合焊接高反射率的材料(如黄铜合金和铝合金等),这是由于 Nd：YAG 激光比 CO_2 激光具有更短的波长,从而可获得较高的功率密度。值得注意的是,对于相同的平均功率,脉冲 Nd：YAG 激光比连续 Nd：YAG 激光可获得更大的熔深。

在航空工业以及其他许多应用中,激光焊接能够实现很多类型材料的连接,而且激光焊接通常具有许多其他熔焊工艺无法比拟的优越性,尤其是激光焊接能够连接航空与汽车工业中比较难焊的薄板合金材料,如铝合金等,并且构件的变形小,接头质量高,重现性好。激光加工另一项具有吸引力的应用方面是利用了激光能够实现局部小范围加热的特性,激光所具有的这种特点使其非常适合于印刷电路板一类的电子器件的焊接,激光能在电子器件上非常小的区域内产生很高的平均温度,而接头以外的区域则基本不受影响。

二、　激光打标技术[6]

激光打标是利用高能量密度的激光束照射在工件表面,光能瞬时转化成热能,使工件表面物质迅速蒸发,从而在工件表面刻出任意所需要的文字和图形,以作为永久防伪标志。

激光打标运用激光束在各种不同的物质表面打上永久的标记。打标的效应是通过表面物质的蒸发露出深层物质,或者是通过光能导致表层物质的化学物理变化而"刻"出痕迹,或者是通过光能烧掉部分物质,显出所需蚀刻的图形、文字。一般的金属材料标记时,由于被烧蚀出几个微米以上深度的线条(宽度可以是几微米至几十微米),从而使线条的颜色及反光率与原来不一样,造成人眼目视反差效果,使人能感觉到这些线条(以及线条构成的形码、数字、图案、商标等)。对于玻璃,烧蚀出的这些线条有"闷光"效果;对于塑料,由于光化学反应及烧蚀作用,有目视反差和"闷光"效果;如果在材料表面涂以专门的有色物质进行标记加工后,有色物质就会固着(与材料发生高温烧蚀作用)在线条上而使它带颜色。

激光打标技术的特点如下:

(1) 可对绝大多数金属或非金属材料进行加工。

(2) 激光是以非机械式的"刀具"进行加工,对材料不产生机械挤压或机械应力,无"刀具"磨损,无毒,很少造成环境污染。

(3) 激光束很细,使被加工材料的消耗很小。

(4) 加工时,不会像电子束轰击等加工方法那样产生 X 射线,也不会受电场和磁场的干扰。

(5) 操作简单,使用微机数控技术能实现自动化加工,能用于生产线上对零部件进行高效率加工,能作为柔性加工系统中的一部分。

(6) 使用精密工作台能进行精细微加工。

(7) 使用显微系统或摄像系统,能对被加工表面状况进行观察或监控。

(8) 可以穿过透光物质(如石英,玻璃)对其内部零部件进行加工。

(9) 可以利用棱镜、反射系统(对于 Nd:YAG 激光器还能用光纤导光系统)将光束聚集到工件的内表面或倾斜表面上进行加工。

(10) 能标记条形码、数字、字符、图案等标志。

(11) 这些标志的线宽可小至 $20~\mu m$,线深度可达 10 mm 以下,故能对"毫米级"尺寸大小的零件表面进行标记。

三、　激光打孔技术[1, 3, 6]

常用的打孔方法有:钻头钻孔,电火花加工打孔,激光打孔等。钻头钻孔适合打大孔,直径在 2 mm 以上的孔,且钻头易断,产品废品率较高;电火花加工打孔适合直径在 0.2 mm 以上的孔,速度很慢;激光打孔可以打 0.06 mm 以上的孔,速度较快。

激光打孔是最早达到实用化的激光加工技术,也是激光加工的重要应用领域之一。激光打孔主要用于金属材料钢、铂、钨、钼、钽、镁、锗、硅,轻金属材料铜、锌、铝、不锈钢、耐热合金、镍基硬质合金、钛金、白金,普通硬质合金磁性材料以及非金属材料中的陶瓷基片、人工宝石、金刚石膜、陶瓷、橡胶、塑料、玻璃等。

激光打孔指激光经聚焦后作为高强度热源对材料进行加热,使激光作用区内材料熔化或汽化继而蒸发,而形成孔洞的激光加工过程。激光束在空间和时间上高度集中,利用透镜聚焦,可以将光斑直径缩小到 $10^5 \sim 10^{15}$ W/cm^2 的激光功率密度。如此高的功率密度几乎可对任何材料进行激光打孔。例如,在高熔点的钼板上加工微米量级的孔;在硬质合金(碳化钨)上加工几十微米量级的小孔;在红蓝宝石上加工几百微米量级的深孔、金刚石拉丝模、化学纤维喷丝头等。

激光打孔的特点有以下几点:

(1) 速度快,效率高,经济效益好。

(2) 可获得很大的深径比。

(3) 可在硬、脆、软等各类材料上进行加工。

(4) 无工具损耗。激光打孔为无接触加工,避免了机械打孔时易断钻头的问题。

(5) 适合于数量多、高密度的群孔加工。

(6) 可在难加工材料倾斜表面上加工小孔。

(7) 由于激光打孔过程不与工件接触,故加工后的工件清洁无污染。

四、　激光雕刻技术[6,7]

激化雕刻与激光打标、激光切割比较类似,它同样是利用高功率密度的聚焦激光光束作用在材料表面或内部,使材料汽化或发生物理变化,通过控制激光的能量、光斑大小、光斑运动轨迹和运动速度等相关参量,使材料形成要求的立体图形图案。

使用激光雕刻,过程非常简单,如同使用电脑和打印机在纸张上打印。用户可以在 Windows 环境下利用多种图形处理软件。如 CorelDraw 等进行设计、扫描的图形,矢量化的图文及多种 CAD 文件都可轻松地"打印"到雕刻机中。惟一的不同之处是,打印是将墨粉涂到纸张上,而激光雕刻是将激光射到木制品、亚克粒、塑料板、金属板、石材等几乎所有材料之上。

激光雕刻按雕刻方式分为点阵雕刻和矢量切割雕刻。点阵雕刻酷似高清晰度的点阵打印。激光头左右摆动,每次雕刻出一条由一系列点组成的一条线,然后激光头同时上下移动雕刻出多条线,最后构成整版的图像或文字。扫描的图形,文字及矢量化图文都可使用点阵雕刻。矢量切割雕刻与点阵雕刻不同,矢量切割雕刻是在图文的外轮廓线上进行。我们通常使用这种模式在木材、亚克粒、纸张等材料上进行穿透切割雕刻。可雕刻材料有木制品、有机玻璃、金属板、玻璃、石材、水晶、可丽耐、纸张、双色板、氧化铝、皮革、树脂、喷塑金属等。

激光雕刻的特点有以下几点:

(1) 雕刻范围广。既可对金属材料进行雕刻,也可对非金属材料进行雕刻,甚至能够雕刻耐火度高以及硬而脆的材料(如陶瓷、石英、玻璃、耐热合金等),还能深入到材料内部进行雕刻。

(2) 速度快。激光雕刻比一般的雕刻方法要快 100 倍以上,而且可保证重复雕刻的精度。

(3) 质量高。产品分辨率高,可实现精细雕刻,并且清洁无污染,被雕刻材料氧化、变形、热膨胀的影响区域都比较小。

(4) 耗能少。雕刻过程简单,能量转换环节少,并且是精细雕刻,原材料损耗少,提高工作效率。

(5) 自动化程度高。激光雕刻与自动控制技术结合在一起,很容易实现自动化控制过程。

五、   激光表面加工技术[3, 6, 9]

改性是材料表面局部快速处理工艺的一种新技术,它包括激光淬火、激光表面熔凝、激光表面熔覆、激光冲击强化、激光表面毛化等。通过激光与材料表面的相互作用,使材料表层发生所希望的物理、化学、力学等性能的变化,改变材料表面结构,获得工业上的许多良好性能。激光改性主要用于强化零件的表面,工艺简单、加热点小、散热快、可以自冷淬火。表面改性后的工件变形小,适于作为精加工的后续工序。由于激光束移动方便,易于控制,可以对形状复杂的零件,甚至管状零件的内壁进行处理,因此激光改性应用十分广泛。

1. 激光淬火技术

激光淬火技术,又称激光相变硬化,是激光表面改性技术的一种。

激光淬火技术主要用来处理铁基材料,其基本机理是利用聚焦后的高能激光束($10^3 \sim 10^4$ W/cm²)照射钢铁材料工件表面,工件表层材料吸收激光辐射能并转化为热能,使其温度迅速升高到相变点以上。当激光移开后,由于仍处于低温的内层材料的快速导热作用,使表层快速冷却到马氏体相变点以下,获得淬硬层。激光淬火不需要淬火介质,只要把激光束引导到被加工表面,对其进行扫描就可以实现淬火。因此,激光淬火设备更像机床。

由于激光淬火过程中很大的过热度和过冷度使得淬硬层的晶粒极细,位错密度极高且在表层形成压应力,进而可以大大提高工件的耐磨性、抗疲劳、耐腐蚀、抗氧化等性能,延长工件的使用寿命。

激光淬火技术的特点包括以下几点:

(1)无需使用外加材料就可以显著改变被处理材料表面的组织结构,大大改善工件的性能。激光淬火过程的急热急冷过程使得淬火后,马氏体晶粒极细,错位密度相对于常规淬火更高,进而大大提高材料性能。

(2)处理层和基体结合强度高。激光表面处理的改性层和基体材料之间是致密的冶金结合,而且处理层表面也是致密的冶金组织,具有较高的硬度和良好的耐磨性。

(3)被处理工件变形极小,适合于高精度零件处理,可作为材料和零件的最后处理工序。这是由于激光功率密度高,与零件上某点的作用时间很短(0.01~1 s),故零件的热变形区和整体变化都很小。

(4)加工柔性好,适用面广。激光光斑面积较小,不可能同时对大面积表面进行加工,但是可以利用灵活的导光系统随意将激光导向处理部分,从而可方便地处理深孔、内孔、盲孔和凹槽等局部区域。改性层厚度与激光淬火中工艺参数息息相关,因此可根据需要调整硬化层深浅,一般可达 0.1~1 mm。

(5)工艺简单优越。激光表面处理均在大气环境下进行,免去了镀膜工艺中漫长的抽真空时间,没有明显的机械作用力和工具损耗,噪声小、污染小、无公害、劳动条件好。激光器配以微机控制系统,很容易实现自动化生产,易于批量生产,效率很高,经济效益显著。

2. 激光熔覆技术

激光熔覆技术亦称激光包覆、激光涂覆、激光熔覆,是一种新的表面改性技术。激光熔覆的试验研究也始于 20 世纪 70 年代,美国 D. S Gnamuthu 于 1976 年获得了激光熔覆一层金属于另一层金属基体的熔覆方法专利。1981 年 Kolls·Royce 公司成功地在喷气发动机叶轮叶片上涂覆钴基合金面并显著提高了其耐磨性,目前研究工作不仅只集中在组织性能方面,而且在生产中获得了广泛地推广应用。

激光熔覆是利用高能激光束($10^4 \sim 10^6$ W/cm^2)在金属表面辐照,通过迅速熔化、扩展和迅速凝固,冷却速度通常达到 $10^2 \sim 10^6$ ℃/s,在基材表面熔覆一层具有特殊物理、化学或力学性能的材料,从而构成一种新的复合材料以弥补机体所缺少的高性能,这种复合材料能充分发挥两者的优势,弥补相互间的不足。对于某些共晶合金,甚至能得到非晶态表层,具有极好的抗腐蚀性能。

激光熔覆根据工件的工况要求,熔覆各种设计成分的金属或者非金属,制备耐热、耐蚀、耐磨、抗氧化、抗疲劳或具有光、电、磁特性的表面覆层。激光熔覆过程类似于普通喷焊或堆焊过程,只是所采用的热源为激光束。与工业中常用的堆焊、热喷涂和等离子喷焊等相比,激光熔覆有下列优点:

(1)激光束的能量密度高,作用时间短,使基材热影响区及热变形均可降低到最小程度。

(2)控制激光输入能量,可以限制基材的稀释作用,保持原熔覆材料的优异性能,使覆层的成分与性能主要取决于熔覆材料自身的成分和性能。因此,可以用激光溶覆各种性能优良的材料,对基材表面进行改性。

(3)激光熔覆层组织致密,微观缺陷少,结合强度高,性能更优。

(4)激光熔覆层的尺寸大小和位置可以精确控制,通过设计专门的导光系统,可对深孔、内孔、凹槽、盲孔等部位进行处理。采用一些特殊的导光系统可以使单道激光熔覆层宽度达到 20～30 mm,最大厚度可达 3 mm 以上,使熔覆效率和覆层质量进一步提高。

(5)激光熔覆对环境无污染,无辐射,低噪声,劳动条件得到较大程度的改善。

3. 激光合金化技术

激光合金化是一种金属材料表面局部改性处理的新方法,激光合金化工艺属于材料表面改性处理的范畴。它是指在高能量激光束的照射下,使基体材料表面的薄层与根据需要加入的合金元素同时快速熔化、混合,形成厚度为 10～1 000 μm 的表面熔化层,熔化层在凝固时获得的冷却速度可达 $10^5 \sim$

10^8 ℃/s，相当于急冷淬火技术所能达到的冷却速度，又由于熔化层液体内存在着扩散作用和表面张力效应等物理现象，使材料表面仅仅在很短时间内（$10\ \mu s \sim 2\ ms$）形成具有要求深度和化学成分的表面合金化层，快速熔化非平衡过程可使合金元素在凝固后的组织达到很高的过饱和度，从而形成普通合金化方法不容易得到的化合物、介稳相和新相，还能在合化元素消耗量很低的情况下获得具有特殊性能的表面合金。这种合金化层由于具有高于基材的某些性能，所以就达到了表面改性处理的目的。

激光表面合金化工艺的最大特点是只在熔化区和很小的影响区内发生了成分、组织和性能的变化，对基体的热效应可减少到最低限度，引起的变形也极小。它既可满足表面的使用需要，同时又不牺牲结构的整体特性。由于合金元素是完全溶解于表层内，因此所获得的薄层成分是很均匀的。对开裂和剥落等倾向也不敏感。其另一显著特点是所用的激光功率密度很高（$10^4 \sim 10^8$ W/cm²）。熔化深度由激光功率和照射时间来控制，在基体金属表面可形成深度为 $0.01 \sim 2$ mm 的合金层。由于冷却速度高，所以偏析极小，并且细化晶粒效果显著。

利用激光合金化技术可使廉价的普通材料表面获得有益的耐磨、耐腐蚀、耐热等性能，从而可以取代昂贵的整体合金；并可改善不锈钢、铝合金和钛合金的耐磨性能；也可制备传统冶金方法无法得到的某些特殊材料，如超导合金，表面金属玻璃等。与普通电弧表面硬化和等离子喷涂相比，激光合金化有下列优越性：

（1）激光辐射能量高度集中，可以通过空气进行远距离传播。

（2）激光合金化是一种快速处理方法，能有效利用能量。

（3）激光合金化能准确地控制功率密度与加热速度，从而变形小，而电弧硬化与等离子喷涂采用的是不均匀加热和冷却，在急冷过程中有热冲击，造成变形和开裂，往往需要校直和打磨加工。

（4）激光合金化能使难以接近的和局部的区域合金化，而且利用激光的深聚焦，在不规则的零件上得到均匀的合金化深度。

基于上述特点，激光合金化在金属加工工业中逐渐开始获得各种应用。迄今适合激光合金化的基材有普通碳钢、合金钢、不锈钢、铸铁、钛合金和铝合金，合金化元素包括 Cr、Ni、W、Ti、Mn、B、V、Co、Mo 等。

4. 激光冲击强化

早在 20 世纪 60 年代，一些研究人员就发现用脉冲激光作用在材料表面可以在固体中产生高强冲击波,当时人们关心的是激光产生压力脉冲的现象,而没有将激光产生的应力波用于材料的改性方面研究。直至 1972 年,美国 Battlell's Columbus 实验室的 Fairand B. P. 等人首次用高功率脉冲激光诱导的冲击波来改变 7075 铝合金的显微结构组织和力学性能,研究表明 7075 铝合金材料经激光冲击后,其屈服强度 $\sigma_{0.2}$ 提高 30%。由于激光具有良好的可控性及可重复性等诸多特点,脉冲激光产生的冲击波成为研究固体表面改性的新工具,从此揭开了激光冲击强化处理材料的应用研究序幕。

激光冲击强化(laser shock processing 或 laser shock peening,LSP)技术,是一种利用激光冲击波对材料表面进行改性,提高材料的抗疲劳、磨损和应力腐蚀等性能的技术。激光冲击一般采用钕玻璃、红宝石或 YAG 高功率激光装置,激光脉冲的宽度为纳秒量级(10^{-9} s)甚至更小,激光功率密度一般大于 10^9 W/cm²,有时可达 10^{13} W/cm²。但是激光冲击强化主要是利用其高压力学效应,这是激光冲击和其他激光表面处理技术的本质区别。目前激光冲击技术在工程中应用最广泛的领域是材料表面改性,因为与一般用于材料改性处理的经典方法如锻打、喷丸硬化、冷挤压、激光热处理等相比,激光冲击处理具有非接触,无热影响区及强化效果显著等优点。为此,人们对激光冲击强化机理,冲击波在介质中的传播和衰减及约束层、涂层技术进行了大量的研究。并对航空铝合金和汽车发动机零部的材料如 45 钢、QT700 - 2 等材料实施了激光冲击处理,使得试样的疲劳寿命有较大幅度的提高,并提出了激光冲击强化效果的直观判别法。

5. 激光清洗技术

激光清洗技术是指采用高能激光束照射工件表面,使表面的污物、颗粒、锈斑或涂层等附着物发生瞬间蒸发或剥离,从而达到清洁净化的工艺过程。与普通的化学清洗法和机械清洗法相比,激光清洗具有如下优点:

(1) 它是一种完全的"干式"清洗过程,不需要使用清洁液或其他化学溶液,是一种"绿色"清洗工艺,并且清洁度远远高于化学清洗工艺。

(2) 清洗的对象范围很广。从大的块状污物(如手印、锈斑、油污、油漆)到小的微细颗粒(如金属超细微粒、灰尘)均可以采用此方法进行清洗。

(3) 激光清洗适用于几乎所有固体基材,并且在许多情况下可以只去除污物而不损伤基材。

(4) 激光清洗可以方便地实现自动化操作,还可利用光纤将激光引入污染区,操作人员只需远距离遥控操作,非常安全简便,这对于一些特殊的应用场合(如核反应堆冷凝管的除锈等)具有重要的意义。

用于激光清洗的激光器的类型、功率及波长,应视所要清洗物的成分和形态的不同而不同,目前的典型设备主要是 YAG 激光器和准分子激光器。值得一提的是,在钢铁表面采用激光除锈工艺,通过选择适当的工艺参数,可以在除锈的同时使基材表面微熔,形成一层组织均匀致密的耐蚀层,使除锈、防腐蚀一步到位。激光清洗工艺已在工业中得到初步应用。

6. 激光毛化技术

激光毛化技术是采用高能量、高重复频率的脉冲激光束在聚焦后的负离焦照射到轧辊表面实施预热和强化,在聚焦后的聚焦点入射到轧辊表面形成微小熔池,同时由侧吹装置对微小熔池施加设定压力和流量的辅助气体,使熔池中的熔融物按指定要求尽量堆积到熔池边缘形成圆弧形凸台(该凸台也称为熔池边缘峰值)。

激光毛化具有以下特点:

(1) 激光毛化钢板表面的小凹坑不连通,有利于在后期冲压成型时储油和捕捉金属碎屑,储油性好,防止冲压划伤,保证了钢板的深冲性,并使冲压零件表面光整,同时减少冲压用油。

(2) 辊面的激光毛化形貌均匀、可控,平滑面占整个毛化面的 60%,使轧制出的钢板的板面平坦度高,提高了带钢表面的光洁度和涂漆后的鲜映度,为用户增加了产品的竞争能力。可生产激光镜面钢板(laser mirror steel)。

(3) 激光毛化钢板表面粗糙度均匀,排列规则,形貌可以预控,重复性好,粗糙度调节范围大。可以根据用户需要做特殊设计,开发新品种,如印花板面等。

(4) 激光束在对轧辊毛化的同时还具有对其表面进行强化的作用,可延长轧辊使用寿命,减少换辊量和轧辊消耗,提高轧机生产效率。

(5) CO_2 激光毛化形貌的辊板转换状态一般是凹坑的复印率为 20%,凸台的复印率为 80%。由于 CO_2 激光毛化起作用的主要是凸台部分,所以激光毛化转换率高,不易堵塞,毛化效果好,过钢量高。

(6) 毛化粗糙度调节灵活,可适应多品种开发和生产;占地面积小,地基简单;加工效率高,一根轧辊($\phi500$ mm$\times1\,780$ mm)的加工时间为 30~40 min;自动化程度高,功能丰富;数控点加工,加工异形轧辊可先仿形后毛化;运行稳定、加工质量高;作业消耗的费用低,作业介质安全;环保型生产,无"三废"污染。

六、　激光快速成型

为了能对市场变化做出敏感响应,国外 20 世纪 80 年代末发展了一种全新的制造技术,即快速成型技术(rapid prototyping, RP)。与传统的制造方法不同,这种高新制造技术采用逐层增加材料的方法(如凝固、胶接、焊接、激光烧结、聚合或其他的方法)来形成所需的零件形状,故也称为增材制造法(material increase manufacturing, MIM)。

快速成型技术综合了计算机、物理、化学、材料等多学科领域的先进成果,解决了传统加工方法中的许多难题。不同于传统机械加工的材料去除法和变形成型法,它一次成型复杂零件或模具,不需专用装备和相应工装,堪称为制造领域人类思维的一次飞跃。快速成型技术在航天、机械电子及医疗卫生等领域有着广阔的应用前景,受到了广泛的重视并迅速成为制造领域的研究热点,已经成为先进制造技术的重要组成部分。该技术在 20 世纪 90 年代后期得到了迅速的发展;在机械制造的历史上,它与 20 世纪 60 年代的数控技术、80 年代的非传统加工技术具有同等的重要地位。

快速成型技术的基本工作原理是离散、堆积。首先,将零件的物理模型通过 CAD 造型或三维数字化仪转化为计算机数字模型,然后由 CAD 模型转化为 STL (stereolithography,快速成型技术标准接口)文件格式,用分层软件将计算机三维实体模型在 z 向离散,形成一系列具有一定厚度的薄片,用计算机控制下的激光束(或其他能量流)有选择地固化或粘结某一区域,从而形成构成零件实体的一个层面,这样逐渐堆积形成一个原型(三维实体)。必要时再通过一些后处理(如深度固化、修磨)工序,使其达到功能件的要求。近期发展的快速成型技术主要有:立体光造型(stereo lithography apparatus, SLA),选择性激光烧结(selective laser sintering, SLS),薄片叠层制造(laminated object manufacturing, LOM),熔化沉积造型(fused deposition modeling, FDM),三维印刷(3D print)等快速成型技术。

由于快速成型技术(包括激光快速成型技术)仅在需要增加材料的地方加上材料,所以从设计到制造自动化,从知识获取到计算机处理,从硬件、软件到接口、通信等方面来看,非常适合于 CIM、CAD 及 CAM,同传统方法比较,显示出如下诸多优点:

(1) 快速性。快速性指有了产品的三维表面或体模型的设计就可以制造原型。从 CAD 设计到完成原型制作，只需数小时到几十个小时的时间，比传统方法快得多。

（2）适合成型复杂零件。采用激光快速成型技术制作零件时，不论零件多复杂，都由计算机分解为二维数据进行成型，无简单与复杂之分，因此它特别适合成型形状复杂、传统方法难以制造甚至无法制造的零件。

（3）高度柔性。无需传统加工的工夹量具及多种设备，零件在一台设备上即可快速成型出具有一定精度、满足一定功能的原型及零件。若要修改零件，只要修改 CAD 模型即可，特别适用于单件、小批量生产。

（4）高度集成化。激光快速成型技术将 CAD 数据转化成 STL 格式后，即可开始快速成型制作过程。CAD 到 STL 文件的转换是在 CAD 软件中自动完成的。快速成型过程是二维操作，可以实现高度自动化和程序化，即用简单重复的二维操作成型复杂的三维零件，无需特殊的工具及人工干预。

七、　激光弯曲

激光弯曲是一种柔性成型新技术，它利用激光加热所产生的不均匀的温度场，来诱发热应力代替外力，实现金属板料的成型。激光成型机理有温度梯度机理、压曲机理和墩粗机理。与火焰弯曲相比，激光束可被约束在一个非常窄小的区域而且容易实现自动化，这就引起了人们对激光弯曲成型的研究兴趣。目前此技术研究已有一些成功应用的范例，如用于船板的弯曲成型，利用管子的激光弯曲成型制造波纹管以及微机械的加工制造。

总之，激光加工技术是 21 世纪的一种先进制造技术，其发展前景不可限量。但是，激光加工技术还是一种发展中的技术，还不成熟，它不像传统工艺的冷加工车、钻、铣、刨、磨，也不像热加工的锻、铸、焊、金属热处理等有一整套金属工艺学的理论和规范化的工艺。在激光加工应用中，尤其是本书讲述的激光切割技术应用过程中，实践和经验是必不可少的。在针对具体的应用对象和要求设计制造专用设备时，必须充分调查研究，学习和吸收前人的经验。即便是使用目前已经在市场上出售的较为通用的激光加工设备，也需要对所加工具体零部件的工艺做充分的实验，在实践中不断建立并完善激光加工技术的理论和规范。

第二章

激光加工技术基础

激光加工技术的基础是激光,所以本章从激光器的基本构成、各种激光器的特点及工作原理、激光加工用光学系统、激光加工成套设备、激光束参数测量以及激光与材料相互作用机理等方面阐述激光加工技术。

第一节　激光加工用激光器

用于激光加工的激光器种类繁多,新型激光器也不断被开发。目前用于激光加工制造的激光器,主要有 CO_2 激光器、Nd：YAG 激光器、准分子激光器、大功率半导体激光器以及光纤激光器等。其中大功率 CO_2 激光器和 Nd：YAG 激光器在大型工件激光加工技术中应用较广;中小功率 CO_2 激光器和 Nd：YAG 激光器在精密加工中应用较多;准分子激光器多应用于微细加工;而由于超短脉冲(飞秒 fs)激光与材料的热扩散相比,能更快地在照射部位注入能量,所以主要应用于超精细激光加工;半导体激光器是所有激光器中体积最小的激光器,已在激光通信、激光存储、激光测距、激光打印等方面得到了广泛应用;以光纤为基质的光纤激光器,在降低阈值、振荡波长范围、波长可调谐性能等方面有明显优势,已成为目前激光领域的新兴技术,也是众多热门研究课题之一,有关光纤激光器原理及其应用在第六章第四节中将有详细阐述。

一、　激光器的基本构成

一个常规的激光器包括三部分:工作物质,泵浦源和光学谐振腔[4]。

1. 工作物质

工作物质是产生激光的物质基础,是激光器的核心部分,是用来实现粒子数反转并产生受激辐射的物质体系。工作物质的分类方式通常有两种：一种是根据工作物质的存在形态分类，工作物质可以分为气体、固体、液体及半导体等；另一种是根据速率方程理论分析产生激光的过程所适用的能级结构，可以分为三能级系统、四能级系统等。

在气体激光器中产生激光的粒子为气体分子或原子。在固体激光器中，掺有少量过渡金属离子或稀土离子的晶体或玻璃为工作物质，掺杂离子为工作粒子，经外界能量泵浦产生粒子数反转后可产生受激辐射，晶体和玻璃为基质材料。液体激光器其工作物质的存在形态为液体，常见的有染料激光器，其工作物质为染料溶解于溶剂中组成的溶液，染料分子为工作粒子，溶剂相当于基质。半导体激光器的工作物质为半导体，虽然半导体为固体，但是由于半导体激光器粒子数反转的形成机理与普通固体激光器有本质的不同，所以一般不将二者归为一类。

2. 泵浦源

泵浦源（激励源）是为实现粒子数反转提供能量的装置。根据激励时利用的能量形式，泵浦方式有放电激励、光激励、热能激励、化学能激励和核能激励等。

气体放电激励是气体激光器常用的一种激励方式，其激励机理是利用在高电压下，气体分子电离导电，与此同时气体分子（或原子、离子）与被电场加速的电子碰撞，吸收电子能量后跃迁到高能级，形成粒子数反转；除此以外，还可以利用电子枪产生的高速电子去泵浦工作物质，使之跃迁到高能级称为电子束激励；半导体激光器靠注入电流实现泵浦，称为注入式泵浦。

光激励是利用光照射工作物质，工作物质吸收光能后产生粒子数反转。光激励的光源可采用高效率、高强度的发光灯，太阳能或激光。固体激光器和液体激光器常用光激励方式。

热能激励是用高温加热的方式使高能级上气体粒子数增多，然后突然降低气体温度，因为高低能级热弛豫时间不同，低能级弛豫时间短，高能级弛豫时间长，从而实现高低能级间粒子数反转。

化学能激励利用化学反应过程中释放的化学能将粒子泵浦到上能级，建立粒子数反转。化学激励不像前述的放电激励、光激励和热激励在工作时，需要用外界能源，因此在某些特殊的缺乏电源的地方，化学激光器可以发挥其特长。

核能激励是利用核反应过程中产生的核能激励工作物质，实现粒子数反转,比如可用核能激励 CO_2 激光器,效率可达 50%[11]。

3. 光学谐振腔

光学谐振腔(简称光腔)是产生激光的外在条件,是激光器的重要组成部分。最简单的光学谐振腔是在激活介质两端恰当放置两个镀有高反射率材料的反射镜构成。激光所具有的高方向性、高单色性、高相干性和高亮度的特点,是与光学谐振腔密不可分的。光学谐振腔具有正反馈和选模的双重作用。所谓正反馈,即初始光强在反射镜间往返传播,等效于增加激活介质的长度,最终可保证得到一个确定大小的光强。所谓选模,即控制腔内振荡光束的特性,使腔内建立的振荡被限制在腔所决定的少数本征模式中,从而提高单个模式内的光子数,获得单色性好、方向性好的强相干光。

激光是一种电磁波,激光器的光学谐振腔将该电磁波约束在空间的有限范围内,根据 Maxwell 电磁场理论,在一定的空间范围内只能存在一系列分裂的电磁波的本征态,这些本征态为光学谐振腔的模式,激光模式也就是光腔内可以区分的电磁波本征态,由腔的结构决定。

二、 CO_2 激光器

CO_2 激光器是气体激光器,因其效率高,光束质量好,功率范围大(几瓦至几万瓦),能连续和脉冲输出,运行费用低、输出波长 $10.6~\mu m$ 正好落在大气窗口等优点,成为气体激光器中最重要、应用最广的一种激光器,尤其大功率 CO_2 激光器是激光加工中应用最多的激光器。

1. CO_2 激光器的特点

(1) 工作物质均匀性好。气体工作物质的光学均匀性远比固体好,所以激光器容易获得衍射极限的高斯光束,方向性好。

(2) 气体激光的单色性好。由于气体工作物质的谱线宽度远比固体小,因此气体激光器输出激光的单色性好。

(3) 谱线范围宽。有数百种气体和蒸汽可以产生激光,已经观测到的激光谱线有万余条。谱线范围从亚毫米波到真空紫外波段,甚至 X 射线、Y 射线波段。

(4) 激光输出功率大,既能连续又能脉冲工作,并且转换效率高。气体激光器容易实现大体积均匀分布,工作物质的流动性好,因此能获得很大功率输出。电激励 CO_2 激光器连续输出功率已达数万瓦,电光转换效率已达 25%。

（5）激励方式灵活，一种气体激光器可以用多种不同的激励方式泵浦。CO_2 激光器可以用气体放电激励、热激励、化学激励、光泵激励、电子束激励等多种方式进行泵浦，因此功率大、能量高、种类多、用途广。

2. CO_2 激光器工作原理

CO_2 激光器是一种混合气体激光器，以 CO_2、N_2 和 He 的混合气体作为工作物质。激光跃迁发生在 CO_2 分子的电子基态的两个振动—转动能级之间。N_2 的作用是提高激光上能级的激励效率，He 的作用是有助于激光下能级的抽空。后两者的作用都是增强激光的输出。

在 CO_2 分子已有的 200 条谱线中，最强的为这两组：激光上能级 $00^01 \rightarrow$ 下能级 10^00 和激光上能级 $00^01 \rightarrow$ 下能级 02^00 辐射的 $10.6~\mu m$ 和 $9.6~\mu m$ 谱线。由于 CO_2 分子各能级的自发辐射寿命都较长，激光上能级粒子的自发辐射寿命比下能级粒子的寿命短，因此，用纯 CO_2 分子产生激光输出的功率较小，必须加入各种辅助气体，才能有利于提高激光的输出功率。

与固体激光器采用光激励方式不同，气体激光器一般采用电激励方式实现粒子数反转。将 CO_2 分子激发到上能级 00^01 可采用以下方式：

（1）电子直接碰撞。具有一定能量的电子与基态（00^00 能级）CO_2 分子发生非弹性碰撞，使其直接激发到上能级 00^01。这一过程表示为：

$$CO_2(00^00) + e \rightarrow CO_2(00^01) + e \qquad (2-1)$$

由于 CO_2 分子的 00^01 离基态较近，因此可以有相当多的电子对其进行激发。

（2）级联跃迁。电子与基态 CO_2 分子碰撞，使其跃迁到 00^0n 能级，基态 CO_2 分子与高能级 CO_2 分子碰撞后跃迁到激光上能级。这一过程表示为：

$$CO_2(00^00) + CO_2(00^0n) \rightarrow CO_2(00^01) + CO_2(00^0n-1) \qquad (2-2)$$

（3）共振转移。基态 N_2 分子（$\gamma = 1$）和电子碰撞后跃迁到的 $\gamma = 0$ 的寿命较长的亚稳态振动能级，因而可积累较多的 N_2 分子。基态 CO_2 分子和亚稳态 N_2 分子发生非弹性碰撞并跃迁到激光上能级。这一过程表示为：

$$CO_2(00^00) + N_2(\gamma = 1) \rightarrow CO_2(00^01) + N_2(\gamma = 0) \qquad (2-3)$$

因为 CO_2 分子 00^01 能级与 N_2 分子能级 $\gamma = 1$ 十分接近，能量转移非常迅速。另外，N_2 分子的 $\gamma = 2 \sim 4$ 能级与 CO_2 分子 $00^02 \sim 00^04$ 能级也十分接近，相互间也可以辐射共振转移，处于 $00^02 \sim 00^04$ 能级的 CO_2 分子与基态 CO_2 分

子碰撞可以将其激励到 00^01 能级。

（4）复合激发。在气体放电过程中，能量大于 2.8 eV 的电子碰撞 CO_2 分子，能使其分解为 CO 和 O，同时，分解了的 CO 和 O 也可以复合，所释放的复合能可以使 CO_2 分子由 00^00 能级跃迁到 00^01 能级，但这种过程的作用比前三种过程要小得多。

CO_2 分子激光跃迁下能级的抽空，主要依靠分子间的碰撞。在 10^00 和 02^00 能级的 CO_2 分子与基态 CO_2 分子碰撞后跃迁到 01^10 能级，这一过程的概率很高。而 01^10 能级的 CO_2 分子与基态 CO_2 分子碰撞后返回基态的概率很小，这样就使 01^10 能级像一个瓶颈，下能级的抽空受到阻塞。为此，在放电管中充一定比例的 He 气，使基态 He 原子与 01^10 能级的 CO_2 分子碰撞，大大缩短该能级的寿命，也缩短了激光跃迁下能级的寿命。He 气的热导率较高，可加速热量向管壁的传递，降低放电空间气体的温度，使激光跃迁下能级的粒子数密度减小，有利于激光的形成。

3. CO_2 激光器的分类

（1）封离型 CO_2 激光器。这种 CO_2 激光器的工作气体不流动，直流自持放电产生的热量靠玻璃管或石英管壁传导散热，热导率低。由于放电过程中，部分 CO_2 分子分解为 CO 和 O，需要补充新鲜气体以防止 CO_2 含量减少导致的激光输出下降，因此，这种激光器必须加入催化剂使 CO 和 O 重新结合为 CO_2，通常加入少量 H_2O 和 H_2 作为催化剂。封离型 CO_2 激光器的优点是结构简单，维护方便，造价和运行费用较低，寿命已超过数千小时至上万小时，激光器的输出功率为 50～70 W。CO_2 激光器可应用于需要数百瓦功率的激光加工中。

（2）纵向漫流 CO_2 激光器。其结构如图所示 2-1 所示。

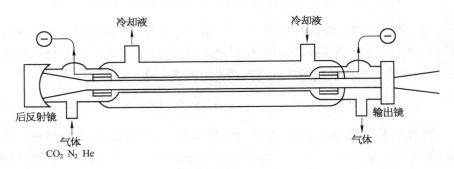

图 2-1　纵向漫流 CO_2 激光器结构

　　通过真空泵使工作气体以 $0.1\sim1.0$ m/s 的流速从放电管的一端流入,从另一端抽走,这样可以排除分解物,补充新鲜气体,保持输出功率稳定,气流、电流和光轴方向相同。由于电流密度增加时激光上能级激发速率增加,但由此造成的气体温度的上升又会增加下能级的粒子数,所以放电电流密度和气体压强均有一个使激光输出最大的最佳值,这一最佳值大约与放电管直径成反比。在最佳放电条件下,输出功率与封离型 CO_2 激光器大致相同。

　　这种激光器有很好的光束质量,模式稳定。但由于换气率低,散热方式效率低,高功率器件尺寸大,正在被纵向快流 CO_2 激光器所替代。

　　(3) 纵向快流 CO_2 激光器。这种激光器是将放电管气体流动速度提高到每秒几十至几百米,以便气流冷却放电区的工作气体和及时带走不稳定因素。但由于气流扰动等因素的影响,光束质量不如纵向慢流 CO_2 激光器,但优于横向激励 CO_2 激光器。这种激光器的输出功率随放电电流密度线性增加。不存在放电电流密度的最佳值,输出功率可达 1 kW 以上,电光转换效率在 20% 以上。光束质量以基模为主。目前 $1\sim3$ kW 的纵向快流 CO_2 激光器已广泛应用于激光焊接、激光切割等加工领域。

　　(4) 横向激励高气压 CO_2 激光器。这种激光器的放电方向与激光光轴互相垂直,一般在 100 kPa 气压下运行,又称为 TEAP (transversely excited atmospheric pressure) CO_2 激光器。这种激光器是脉冲激光器,其输出脉冲峰值功率可达 10^{12} W,每个脉冲能量为数千焦耳,是气体激光器在高功率和大能量方面与固体激光器竞争最有希望的器件。采用横向激励,电极面积大,平行于放电管轴,缩短了极间距离,使放电激励电压大大降低,也实现了大体积激励,提高了激光输出的峰值功率或能量。

　　(5) 横向流动 CO_2 激光器。这种激光器的气体流动方向与激光光轴相互垂直,由于气体流动路径短,通道截面大,较低的流速就可以达到纵向快流同样的冷却效果。在 50 m/s 左右的气体流速下,就有很高的气体流量。横向流动 CO_2 激光器通常采用电场与光轴垂直的横向激励方式,输出功率可达每米数千瓦,商用器件的最大输出功率超过 20 kW,其缺点是光束质量较差。这种激光器已广泛应用于激光表面淬火、激光表面熔覆、激光表面非晶化等。

三、　Nd：YAG 激光器

　　Nd：YAG 激光器,有时也简称为 YAG 激光器,是目前应用最广泛的一种激活离子与基质晶体组合的固体激光器。其工作物质掺钕钇铝石榴石晶体具有优良的物理性能、化学性能、激光性能和热学性能,可以制成连续和高重复频率器件。

在详述 YAG 激光器的特点及原理之前,先了解一个有关的名词——调 Q (Q-switching)。

调 Q:通过改变光学谐振腔的 Q 值,把储存在激活媒质中的能量瞬时释放出来,以获得一定脉冲宽度(几到几十纳秒)的激光强辐射的方法。

主动调 Q 一般是用电光晶体,声光晶体的特性进行调制;被动调 Q 一般是 YAG 可饱和吸收来调制;主动调 Q 频率高,可通过改变电压等控制;被动调 Q 是用晶体本身的特性,相应速度慢,不好控制。

一般的脉冲激光器是在阈值附近振荡的。当反转粒子数密度到达阈值时放出激光,一开始,反转粒子数密度就降到阈值以下,停止振荡。之后,随着泵浦,反转粒子数密度又上升到阈值以上,又重复前面的过程,直到泵浦停止。所以一般的脉冲激光器射出尖峰状波形的激光。

调 Q 激光器是在反转粒子数密度远高于阈值的情况下振荡的。当 Q 开关关闭时,激光器的阈值很高,所以反转粒子数密度可以很大而不振荡。当泵浦结束时,反转粒子数密度到达足够大(此时激光未振荡),Q 开关突然打开,激光器的阈值突然下降到很低。激光器开始在远高于阈值以上振荡,这样便形成光滑的巨脉冲。

1. Nd:YAG 激光器的特点

(1) 输出的激光波长为 1.06 μm,是 CO_2 激光波长 10.6 μm 的 1/10。波长较短对聚焦、光纤传输和金属表面吸收等有利,因此与金属的耦合效率高,加工性能良好(一台 800 W 的 YAG 激光器的有效功率相当于一台 3 kW 的 CO_2 激光器的有效功率)。

(2) YAG 激光器可以在连续和脉冲两种状态下工作,脉冲输出加调 Q 和锁模技术可以得到短脉冲和超短脉冲,峰值功率很高,使其加工范围比 CO_2 激光器更大。

(3) YAG 激光器能与光纤耦合,借助时间分割和功率分割多路系统可以方便地将一束激光传输给多个工位或远距离工位,使激光加工实现柔性化。

(4) YAG 激光器结构紧凑,特别是 LD 泵浦的全固态激光器。小型化,全固态,长寿命,工作物质热效应减小,使用简便可靠,是目前 YAG 激光器的主要研究和发展方向。

YAG 激光器的缺点有以下这些:转换效率比 CO_2 激光器的约低一个数量级,仅为百分之几;工作过程中 YAG 激光棒内部存在温度梯度,因而会产生热应力和热透镜效应,输出功率和光束质量受到影响;YAG 激光器的光束质量较差,一般为多模运转;每瓦输出功率的成本比 CO_2 激光器高。

2. Nd:YAG 激光器的工作原理

Nd:YAG 激光器的基本结构如图 2-2 所示。采用气体放电灯激励的 Nd:YAG 连续激光器常用连续氪灯泵浦,氪灯在满负荷时的使用寿命约为 200 h,在 70% 的负荷下使用寿命约为 1 000 h。脉冲激光器使用的脉冲氙灯的使用寿命达 10^7 次。连续氪灯和脉冲氙灯发射的光谱与工作物质 Nd:YAG 晶体的吸收光谱匹配。采用灯激励重复频率每秒几十次的调 Q 激光器的最大峰值功率可达几百兆瓦,连续输出的最高功率已超过 1 000 W,多棒串联的连续输出功率可达数千瓦。采用半导体激光二极管泵浦的 Nd:YAG 激光器连续输出功率达上百瓦,峰值功率达数百千瓦的商品早已问世。

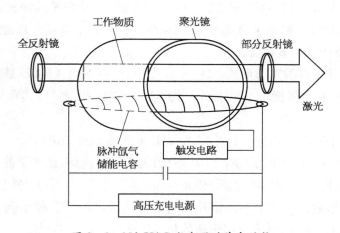

图 2-2　Nd:YAG 激光器的基本结构

Nd:YAG 激光器工作时(以脉冲氙灯泵浦为例),工作物质 Nd:YAG 晶体与脉冲氙灯相互平行地固定在内壁抛光并镀金属反射层的聚光腔内。谐振腔由两个反射镜组成,一个是对输出波长全反射,另一个是部分反射,以便输出激光。激光电源给电容器充电,加到脉冲氙灯上。同时由触发器产生一个上万伏的触发高压使氙灯中的气体电离点燃,电容器充的电通过氙灯放电,使脉冲氙灯在毫秒时间内发光,聚光腔将脉冲氙灯的光能聚到工作物质上,工作物质中的激活离子被激发,形成粒子数反转,当腔内增益大于损耗时,就产生激光,由部分反射镜输出。没有被工作物质吸收的脉冲氪灯的光能形成的热量由冷却系统带走。通过调整光泵输入的电参数、选择不同尺寸和性能的Nd:YAG晶体、选择不同的谐振腔镜的最佳透过率、改变聚光腔及冷却系统等方式,可以改变激光器输出的功率或能量。

四、　准分子激光器

准分子激光器输出的脉冲激光是紫光或紫外线,短波长激光输出是准分子激光器应用于激光加工的突出优点。准分子激光器输出紫外激光的波长短、频率高,因而光子能量大,可以直接深入到材料内部进行加工,得到极好的加工质量。

准分子是一种在激发态能暂时结合成不稳定分子,而在基态又迅速离解成原子的缔合物,因而也称为"受激准分子"。准分子激光器与 CO_2 激光器等其他激光器不同,后者的跃迁发生在束缚态之间,而准分子的激光跃迁则是发生在束缚的激发态和排斥的基态(或弱束缚)之间,属于束缚—自由跃迁。

1. 准分子激光器的特点

(1)准分子以激发态形式存在,寿命很短,仅有 10^{-8} s 量级,基态为 10^{-13} s 量级,跃迁发生在低激发态和排斥的基态(或弱束缚)之间,其荧光谱为一连续带。

(2)由于其荧光谱为一连续带,故可以实现波长可调谐运转。

(3)由于激光跃迁的下能级(基态)的离子迅速离解,激光下能级基本为空的,极易实现粒子数反转,因此量子效率很高,接近 100%,且可以高重复频率运转。

(4)输出激光波长主要在紫外线到可见光段,波长短、频率高、能量大、焦斑小、加工分辨率高,更适合用于高质量的激光加工。

2. 准分子激光器工作原理

准分子激光器中的激光跃迁发生在束缚的激发态和排斥的基态(或弱束缚)之间。准分子激光器大多采用强的快电子束或强的快速放电激励。前者的稳定性较好,但能量转换效率较低;后者可以提供很高的脉冲能量,但放电不够稳定。现以放电激励氟化氪 KrF^* 准分子激光器为例,说明激光器的激励过程:在放电过程中,被电场加速的自由电子 e 和氪 Kr 原子碰撞后,产生大量的受激氪原子,氪原子与含卤素分子 NF_3 碰撞,产生 KrF^* 准分子。

这一过程可表示为:

$$e + Kr \rightarrow Kr^* + e \tag{2-4}$$

$$Kr^* + NF_3 \rightarrow KrF^* + NF_2 \tag{2-5}$$

在准分子激光器中常充气体使其温度下降，如充 He、Ne 或 Ar 等气体，可以在碰撞时产生更多的激发态粒子，如 Kr^*。

放电泵浦准分子激光器的结构如图 2-3 所示，激光器由放电室、光学谐振腔、预电离针、放电电路等组成。高压恒流电源给储能电容充电至所需电压，触发信号使闸流管导通后，储能电容向脉冲形成线（Blumlein 线）放电至峰值电压时，指令触发信号使轨道开关接通，则 Blumlein 线形成的陡的前沿高压脉冲加在放电电极两端，在提前触发的紫外预电离情况下，使气体在 50 ns 左右的时间内均匀放电，输出准分子激光。

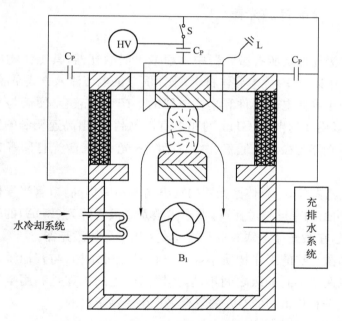

图 2-3　放电泵浦准分子激光器的结构原理图

S—球隙开关或闸流管；B_1—风机；HV—高压电源

准分子激光器上能级的寿命很短。如 KrF^* 上能级的寿命为 9 ns，$XeCl^*$ 为 40 ns，不适于存储能量，因此准分子激光器一般输出脉宽为 10～100 ns 的脉冲激光。目前准分子激光器的脉冲输出能量可达数百焦耳量级，峰值功率已达千兆瓦以上，平均功率高于 200 W，重复频率高达 1 kHz。准分子激光器已在医学、显像管制造、半导体和微电子领域得到广泛应用,尤其是对脆性材料和高分子材料的加工,更显示出其优越性,准分子激光微钻孔是目前用于喷墨打印机油墨喷嘴生产中的一种有效的方法。

3. 准分子激光器的分类

准分子激光器按准分子的种类不同,可以分为以下几类(＊表示准分子):

(1) 惰性气体准分子激光器:氙(Xe_2^*)、氩(Ar_2^*)等激光器。

(2) 惰性气体原子和卤素气体原子结合成的准分子激光器:氟化氙(XeF^*)、氟化氩(ArF^*)、氯化氙($XeCl^*$)等激光器。

(3) 金属原子和卤素原子结合成的准分子激光器:氯化汞($HgCl^*$)、溴化汞($HgBr^*$)等激光器。

五、　半导体激光器

半导体激光器是所有激光器中体积最小的激光器,其工作物质是砷化镓($GaAs$)、磷化铟(InP)等半导体材料;采用简单的电流注入方式泵浦;激光器的制造工艺与半导体电子器件和集成电路的生产工艺兼容,便于与其他器件单片集成;可以用高达吉赫(GHz)的频率直接调制,输出高速调制的激光束。因此半导体激光器已在激光通信、激光存储、激光测距、激光打印等方面得到了广泛应用。

尤其是近些年,半导体激光器的输出功率不断提高,单管半导体激光二极管(LD)的输出功率已越过瓦级,半导体激光二极管阵列(LDA)的输出功率已达数百瓦级,在激光加工领域也开始逐步采用半导体激光器。

半导体激光器的工作物质半导体材料是能带结构,与其他激光器粒子数反转发生在两个不同能级之间不同,其输出激光的机理是利用半导体材料里导带中的电子和价带中的空穴的复合来产生受激辐射的。

1. 半导体激光器的特点

(1) 半导体激光器是一个阈值器件,工作状态与注入电流有关。当正向注入电流达到阈值电流时,有源区内实现粒子数反转,此时受激辐射占优势,才能发射激光;阈值电流随温度的升高而加大。

(2) 半导体激光器量子效率随温度的升高而降低。

(3) 半导体激光器的体积非常小,发光区域只向上百微米宽,几微米至十几微米厚。由衍射原理可知,其衍射角很大,在结平面的水平方向发散角约为几度至十几度,在垂直于结平面的方向发散角可达几十度,因此半导体激光器的方向性很差,应用时需要加光学系统加以校准。

2. 半导体激光器的工作原理

在半导体激光器中要产生相干辐射,同样需要具备三个基本条件:

(1) 建立激励媒质(有源区)内载流子的反转分布,即用激励源将电子从能量较低的价带激发到能量较高的导带上,一般是给异质结加正向偏压,向有源层内注入不必要的载流子来实现;

(2) 有合适的谐振腔使受激辐射在腔内多次反射形成激光振荡,大多利用半导体晶体的自然解理面形成 F - P 腔;

(3) 激光工作物质必须提供足够大的增益,以便形成稳定的激光振荡,即要求注入电流足够强,满足电流阈值条件。

当外加正向电压时,半导体中注入非平衡载流子,若非平衡载流子大到足以在导带底部和价带顶部间形成粒子数反转时,就可以产生受激辐射,此时辐射的光子能量基本上等于禁带宽度, 即 $h\nu \approx E_2 - E_1 = E_g$。由于半导体是能带结构,与分立的能级不同,产生放大作用要求的粒子数反转分布不能直接用能级上的粒子数来衡量,通常用电子和空穴的准费米能级表示为:

$$E_F^- - E_F^+ > E_2 - E_1 = E_g \qquad (2-6)$$

这说明在半导体 P - N 结中实现导带底部和价带顶部的粒子数反转条件是电子与空穴的准费米能级之差必须大于禁带宽度。要实现这一条件,首先就要求 P - N 结两边的 P 区和 N 区必须是高掺杂,以使费米能级进入价带或导带;另外还要在 P - N 结加适当的正向电压,满足上式条件,在 P - N 结作业区实现粒子数反转条件。

工作物质实现了粒子数反转条件后,光在谐振腔内传播会产生增益,在激光器平行平面谐振腔作用下,自发辐射的光子作为起始光子,在 P - N 结区内来回反射产生受激辐射放大。谐振腔中存在各种损耗,如反射损耗、工作物质的吸收和散射损耗等。只有满足激光器的阈值条件,即光在谐振腔内往返一次所得到的增益大于所有的损耗时,才能形成稳定的激光输出。

六、　光纤激光器

光纤激光器是以光纤作为工作物质(增益介质)的极有发展潜力的中红外波段激光器,按其发射机理可以分为稀土掺杂光纤激光器、光纤非线性效应激光器、单晶光纤激光器、光纤孤子激光器等。其中,稀土掺杂光纤激光器已很成熟,如掺铒光纤放大器(EDFA)已广泛应用于光纤通信系统。高功率光纤激光器主要用于军事(光电对抗、激光探测、激光通信等)、激光加工(激光打标、激光机器人、激光微加工等)、激光医疗等领域。

以下仅介绍光纤激光器的简单工作原理,有关光纤激光器的特点及其在激光加工中的应用等详细内容在第六章中将有专门论述。

光纤是以 SiO_2 为基质材料拉成的玻璃实体纤维,其导光原理是利用光的全反射原理,即当光以大于临界角的角度由折射率大的光密介质入射到折射率小的光疏介质时,将发生全反射,入射光全部反射到折射率大的光密介质,折射率小的光疏介质内将没有光透过。普通裸光纤一般由中心高折射率玻璃芯(直径 $4 \sim 62.5\ \mu m$)、中间低折射率硅玻璃包层(芯径 $125\ \mu m$)和最外部的加强树脂涂层组成。光纤按传播光波模式可分为单模(SM)光纤和多模(MM)光纤。单模光纤的芯径较小(直径 $4 \sim 12\ \mu m$),只能传播一种模式的光,其模间色散较小。多模光纤的芯径较粗(直径大于 $50\ \mu m$),可传播多种模式的光,但其模间色散较大。按折射分布可分为阶跃折射率(SI)光纤和渐变折射率(GI)光纤。

以稀土掺杂光纤激光器为例,掺有稀土粒子的光纤芯作为增益介质,掺杂光纤固定在两个反射镜间构成谐振腔,泵浦光从 M_1 入射到光纤中,从 M_2 输出激光,如图 2-4 所示。当泵浦光通过光纤时,光纤中的稀土离子吸收泵浦光,其电子被激励到较高的激发能级上,实现了粒子数反转。反转后的粒子以辐射形式从高能级转移到基态,输出激光。

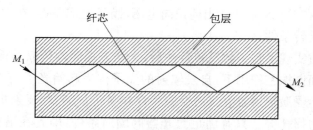

纤芯　　　　　　包层

图 2-4　光纤激光器的基本原理

七、　飞秒脉冲激光器

1. 以有机染料为介质的飞秒染料激光器

不同染料可输出不同波长的飞秒光脉冲,可覆盖从紫外到近红外波段,最常用的是红光 620 nm 附近。飞秒染料激光器主要采用被动锁模,既要求增益介质在运转波长具有较大的增益,又要求作为可饱和吸收体的另一种染料在运转波长具有适当的吸收截面。两种染料的增益截面和吸收截面的适当配合才能使得脉冲前沿在经历可饱和吸收体时很快饱和,脉冲后沿能具有明显的增益饱和效应,从而使脉冲得到有效的压缩,获得比染料弛豫时间(增益介质为纳秒量级,吸收介质为皮秒量级)短得多的飞秒锁模脉冲。染料激光获得飞秒光脉冲的主要技术途径是利用两个相反方向传播的光脉冲在可饱和吸收染料中的碰撞锁模(CPM)。

2. 以掺钛蓝宝石为介质的飞秒固体激光器

这种飞秒固体激光器的介质主要是以掺钛蓝宝石(Ti:Sapphire, Ti:S)、Li:SAF 等固体材料。由于这种固体材料具有比染料更宽的调谐范围(如钛宝石的调谐范围为 670～1 060 nm),更大的饱和增益通量(1 J/cm^2)和更长的激光上能级寿命(微秒量级),使其在飞秒激光运转的许多特性都优于染料激光器,且光学性质稳定,结构更紧凑。飞秒固体激光器最大的突破是实现了极其稳定的自锁模(self mode - locking)运转。在以钛宝石为代表的固体介质中,由于其非线性折射率 n_2 所引起的 Kerr - less 效应,窄脉冲高峰值功率使其空间高斯光束能够比宽脉冲低蜂值功率更有效地从泵浦的激活区域中获取更大的增益,这意味着该系统将会自动地被驱向窄脉冲高峰值功率状态,具有低瞬时功率的脉冲前沿与后沿的自动逐渐削减和具有高瞬时功率的脉冲中部的自动逐渐增强。只要有一个偶然的微扰(如环境的振动或腔内横模的拍频)都会导致其脉冲的自动快速压缩过程。

3. 以掺杂稀土元素为介质的飞秒光纤激光器

这种飞秒光纤激光器以掺杂稀土元素的 SiO$_2$ 为增益介质。其主要特点是结构紧凑,效率高,损耗低,负色散。其主要工作原理是利用光纤所具有的独特性质实现孤子放大过程,光纤的非线性使在光纤芯中传输的光脉冲产生很强的自相位调制效应(SPM),又由于光纤在波长 $\lambda > 1.3 \mu m$ 具有负色散性质,因此,光脉冲从自相位调制效应中获得的特殊性质的新的光谱成分在传输过程中又被光纤的这一负色散所补偿,使脉冲宽度不断得到压缩,最后得到飞秒激光脉冲。

飞秒脉冲激光极短的作用时间、极高的峰值功率密度,能引起材料很强的非线性效应,热扩散造成的影响很小,主要用于材料的超精细加工,透明导电体的烧蚀,石英玻璃、蓝宝石、各种光纤等透明材料的三维加工和改性,光学元件的精密加工等方面。

八、　高功率 CO 激光器

CO 激光器即一氧化碳激光器,也是气体激光器,主要工作物质是一氧化碳气体,而以氦、氮、氧、氙、汞等为辅助气体,利用放电、加热、化学反应等方式进行激励,使之受激辐射产生激光。

CO 的激光能级是居于双原子分子的振动-转动能级,由于工作能级较低,激光器能以较高的转换效率输出数千瓦以上的连续激光,其辐射波长主要是由 $5.4\sim5.7~\mu m$ 的 10 条红外谱线组成。

高功率 CO 激光器的优点如下:

(1) 辐射波长为 $5.4\sim5.7~\mu m$,约为 CO_2 激光波长的 $1/2$,发散角也约为 CO_2 激光的 $1/2$,经光学系统聚焦后的能量密度比 CO_2 激光提高约 4 倍。

(2) 由于许多材料对 $5~\mu m$ 附近波长吸收率很高,因此对激光加工非常有利。

(3) CO 激光的量子效率接近 100%,而 CO_2 激光的量子效率仅为 40%。

(4) CO 激光的电效率比 CO_2 激光提高 20%。

但是 CO 激光的工作气体必须冷却到 200 K 左右的低温才能得到较高的转换效率,并且工作气体劣化比较快,因此 CO 激光器的成本和运行费用较高。CO 气体易泄漏,安全性极差,在激光加工中基本未得到应用。

九、　激光器的选择

激光器种类繁多,性能各异,用途也多种多样,选择激光器要注意以下几点:

(1) 对目前工业激光器有比较全面的了解,特别是它们的性能和用途。表 2-1 列出了目前工业激光加工常用激光器的性能。

(2) 根据加工要求,合理决定被选用激光器的种类,重点是考虑其输出激光的波长、功率和模式。

(3) 要考虑在生产现场的环境下运行的可靠性、调整和维修的方便性。

(4) 投资和运行费用的比较。

(5) 设备销售厂商的经济和技术实力,可信程度。要注意避免因小失大。

表 2-1　加工用激光器的主要性能[9]

性　　能	CO_2 激光器	CO 激光器	YAG 激光器	准分子(KrF)激光器
波长(μm)	10.6	5.4	1.06	0.249
光子能量(eV)	0.12	0.23	1.16	4.9
最高(平均)功率(W)	25 000	10 000	1 800	250
输出方式	连续或脉冲	连续或脉冲	连续或脉冲	脉冲
调制方式	气体放电	气体放电	闪光灯或声光调 Q 或电光调 Q	气体放电
脉冲功率(kW)	<10		$<10^3$	$<2\times10^4$
脉冲频率(kHz)	<5	<1(闪光灯)或<50(声光调 Q)	<1	
模式	基模或多模		多模	多模
发散角全角(mrad)	1～3		5～20	1～3
总效率(%)	12	8	3	2

（6）设备易损件补充来源是否有保障，供应渠道是否通畅等。

作为主流的传统激光切割机，激光焊接机都采用 CO_2 激光器，可以稳定切割 25 mm 以内的碳钢，12 mm 以内的不锈钢，8 mm 以下的铝合金。光纤激光器的激光波长与固体激光器的相同，它不过是用光纤做耦合的全纤化的固体激光器而已。在切割 4 mm 以内的薄金属板时优势明显，但在切割厚板时质量较差。

近二十年来大功率 CO_2 激光与大功率固体激光的市场的格局是：无论对中厚板的金属材料的切割与焊接，还是对各类非金属材料切割，都是大功率 CO_2 激光占主导地位；固体激光用于有色金属的切割以及需要精密切割与焊接的场合。造成这种格局除了大功率固体激光器价格昂贵以及运转成本高外，一个重要的原因是：光靠固体激光的能量不足以切割中厚板材料（如碳钢、不锈钢等），需要辅以氧气的输入助熔，固体激光的波长短、切缝细，氧等气体不易吹入，这就使得固体激光仅适合切割 6 mm 以下的有色金属的薄板。

CO_2 激光器的波长为 10.6 μm，比较容易被非金属吸收，可以高质量地切割木材、亚克力、有机玻璃等非金属材料。固体激光器或光纤激光器的波长为 1.06 μm，二者都不易被非金属吸收，故不能切割非金属材料，但这两种激光在切割铜、黄铜、铝及铝合金时都比 CO_2 激光器为佳。

根据国际安全辐射标准,激光危害等级分四级,CO_2 激光属于危害小的一级,而光纤激光由于波长短,对人体以及眼睛的伤害大,属于危害大的一级。出于安全考虑,固体激光与光纤激光都需在全封闭的环境下工作。

第二节　激光加工成套设备系统

一、激光加工机床

激光加工制造系统是先进的生产加工制造系统,均采用数字化信号对加工机的运动及其加工过程进行控制,即采用计算机进行全面数控。与加工机配套的数控系统用来控制激光束与工件的相对位置,按照加工要求,计算机软件驱动工作台或激光头进行一定规律的运动,同时可以对加工机中有关部件进行适时控制,如激光的输出、冷却系统的状态、光闸的开启和关闭、激光能量或功率的监测等。

采用数控系统可以加工复杂型面的工件,提高零件的加工精度和生产率(对复杂工件的加工生产率可提高十几倍乃至几十倍),稳定产品质量,可实现一机多用,增加经济效益,还可以减轻劳动强度,避免对工作人员的激光伤害。

普通金属切削机床是用金属刀具在被加工工件上进行切削,属于"接触加工";而激光加工机的"刀具"是激光束,属于"非接触加工",这种"刀具"可以根据激光输出功率、输出脉冲宽度、工作频率、占空比等参数的改变而产生性质和功能的变化,这样可以实现"一机多用",是普通金属切削机床无法比拟的。

激光加工机按激光束与工件的相对运动形式分为如下三种情况:工件随工作台一起运动,激光器和导光系统不动;激光束通过振镜或转镜等的扫描而运动,激光器、工作台和工件不动;激光器和聚焦系统等运动,而工作台和工件不动。第三种情况只适于小型激光器,很少采用。

按照激光加工机的功能又可分为龙门式激光加工系统、飞行光学加工系统、精密坐标加工系统和激光加工用机器人等。

1. 龙门式激光加工系统

龙门式激光加工系统的机械结构和机加工的龙门式机床相似,由此得名。这是大型高功率激光加工机经常采用的结构,主要由激光器系统(激光器、电源及冷却系统)、光学系统(导光和聚焦系统)、机床主机(床身、主轴、龙门式框架、进给机构等)、计算机数控系统、伺服驱动装置、辅助装置(液压、冷却、照明、测量、排屑等机构)等组成。龙门式激光加工系统的简单结构如图2-5所示。龙门式框架可进行二维或三维的直线运动,末端的聚焦系统提供二维转动,由x、y两个方向组成的直角坐标运动系统用以完成工件和激光光斑的相对运动,可以工件运动,也可以激光光斑运动,或者是两者的组合运动。龙门式激光加工系统进行三维工件加工时,经常由激光加工头进行两个方向的转动,即在xy平面360°的旋转和在z方向上180°的摆动,来实现任意部位的加工。在加工大尺寸材料时,经常是让龙门框架固定不动,让工作台带动工件进行一个坐标方向的运动,例如,切割2 m×5 m长方形板材时,常采用加工5 m长方向时工作台移动,加工2 m短方向时激光移动的方法来完成加工任务。当需要加工很大尺寸的工件,如10 m宽的工件时,一般采用全部光斑运动的方法,目前经常采用飞行光学加工系统。

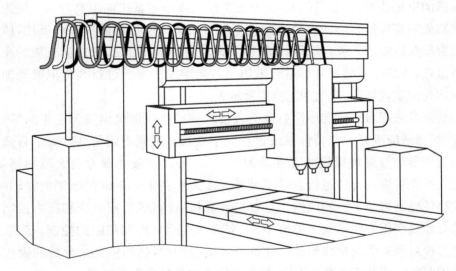

图2-5　三轴联动龙门式激光加工机床

　　龙门式激光加工系统运动精度和刚度较高,加工范围大,但是体积较庞大,造价较高,汽车外壳等复杂表面的加工方面有一定困难,需要采用激光加工用机器人来完成任务。

　　2.飞行光学加工系统

　　飞行光学加工系统是采用移动光束进行大范围的激光加工,与光束固定的导光系统相比,飞行光学加工系统更具有灵活性,被广泛应用在二维和三维激光加工中。在光束固定或小范围扫描时,焦斑的大小和位置的变化可能会影响加工质量,可采用前面介绍的平场透镜加以补偿。但在加工超大超重的大工件时,光学聚焦系统会沿激光轴进行长距离移动(可达数米乃至十余米),或进行激光打靶的远距离聚焦时,激光束引起的大气湍流、聚焦镜移动等,使激光束的光斑位置、实际的焦距、焦斑、焦深发生很大变化,即使聚焦镜的位置不变。由于谐振腔的热效应等因素,也会使焦距等参数发生变化。由于大功率激光多为多模状态工作,在加工范围很大时,必须考虑多模激光束在不同加工位置处聚焦焦点位置的偏移和大小的变化,需要对激光束进行光学变换。

目前光束在不同加工位置处焦点位置变化时补偿的方法有三种:一是用变焦法调整焦点位置;二是采用变形镜;三是采用等光程法。用变焦法调整焦点位置是采用倒置伽利略望远系统进行光学变换,将激光束腰位置变换到加工位置的中心。通过调节倒置望远系统的物镜和目镜的距离,来调节光束变换后的束腰位置,调节量越大,光束束腰位置离望远系统的距离越远。望远系统对光束束腰位置的变换距离同光束衍射倍率因子价值的平方成反比,所以光束质量越差的光束,越不易被变换。大范围的激光加工,要求激光束的光束质量好,本是任意激光束都适合采用飞行光学加工系统进行大范围激光加工的。光束质量越好,有效加工范围就越大。

还可采用自适应变形反射镜组合技术和抛物面形聚焦镜为主体的"飞行光学"自适应激光聚焦特性系统进行光学变换。透镜固定不变。两个自适应压力变形镜与聚焦镜组成可移动的加工头,可以在激光轴方向大范围移动。对飞行光束聚焦特性进行自适应调控。加工头在 $1\sim10$ m 的范围内移动时,位移传感器将加工头的位置信号传给计算机,计算机监控系统和压力控制系统自动改变压力变形镜的曲率半径,实现对实际焦斑和焦距的控制。该系统能实现对激光束质量和聚焦特性进行自适应调控,达到使光束参数和聚焦特性控制在误差范围内变化不大,提高了激光加工的质量和稳定性。

3. 精密坐标加工系统

"精密"是指被加工区域的缝隙小,加工能达到的极限尺寸小,如能在毫米量级的管材板材上加工复杂的多种文字或图案。激光精密坐标加工是指加工精度在微米量级甚至微米以下,如激光微调、激光精密刻蚀、激光直写等。精密坐标加工系统要求激光光束质量高、系统小型化、集成化、转换效率高、工作稳定性好,并要求系统的机械结构和激光束聚焦都达到很高的精度,还要求开发出适合精密坐标加工的专用控制软件。

激光数控精密坐标加工系统的精度由系统的机械结构精度和激光束聚焦精度决定。系统的机械结构精度除了与机床本身的误差(机床各运动大部件,如床身、立柱、主轴箱等运动的平面度、平行度和垂直度,主轴自身的回转精度和直线运动精度)有关,还与运行时的误差(定位误差、各种运行速度下的误差)有关。系统的激光束聚焦精度与光纤导光系统(光纤的数值孔径、纤芯的尺寸、纤芯和包层的相对折射率差、光斑尺寸、激光功率、光纤端面质量、连接耦合、光纤长度等参数)的精度或者多关节式导光系统(机械结构和装配及反射镜等)的精度以及激光波长、聚焦透镜系统的焦距等参数有关。其结构如图2-6所示。

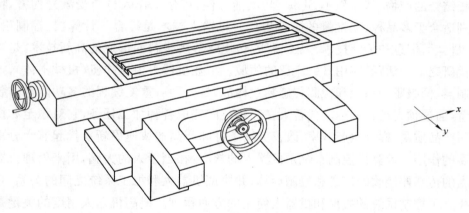

图2-6　二维精密工作台结构图

由于要求系统的机械结构和激光束聚焦的精度很高,机械执行机构多采用伺服电机驱动,工作台选用运动灵活、传动平稳、定位精度和重复精度高的等级。对于加工范围较小、定位精度和重复精度要求很高的系统,可选用平面电机型工作台,平面电机的定子是一个加工精度很高的软磁铁板,动子为同样方法制作的略小些的平板。工作中用压缩空气使动子悬浮在定子上方,通电后磁场力使动子按给定方式步进运动,因定子与动子间无机械传动与摩擦,运动精度不随工作时间而下降,因此运行的稳定性很高。为了提高工作台的运动速度和适应大尺寸加工,近来常采用直线电机作为驱动部件,其原理类似平面电机,相应的控制系统采用计算机数字控制,为了提高位置控制精度,伺服驱动系统常采用位置检测元件及相应的摄像系统。

调 Q 的 YAG 激光器采用调 Q 技术可以压缩脉宽,提高激光的峰值功率,采用电光调 Q 技术,脉冲峰值功率为百兆瓦以上,采用声光调 Q 技术峰值功率达数百千瓦;准分子激光器输出紫外线,其波长短,频率高,因而光子能量大,可以直接深入到材料内部进行冷加工,实现对材料的剥蚀加工,达到极高的加工质量,加工的分辨率高,因聚焦焦斑与波长成正比,其激光束的聚焦程度可达微米量级;飞秒脉冲激光的作用时间极短,峰值功率密度极高,能引起材料很强的非线性效应,热扩散造成的影响很小,非常适合于精细加工。因此,上述三种激光器是精密坐标加工系统中常用的激光器。

4. 激光加工用机器人

激光加工用机器人的运动是由机器人来完成的,是激光器与工业机器人相结合的产物,其体积小,可编程,灵活方便,可使工作人员免受激光伤害,特别适合于多品种、变批量的柔性生产。机器人技术是综合了计算机、控制论、机构学、信息和传感技术、人工智能、仿生学等多学科而形成的高新技术,是当代研究十分活跃、应用日益广泛的领域。工业机器人由操作机(机械本体)、控制器、伺服驱动系统和检测传感装置构成,是一种可重复编程的多功能操作装置,通过预先编程的运动代替人在三维空间完成各种加工任务,它对稳定和提高产品质量、提高生产效率、改善劳动条件和产品的快速更新换代起着十分重要的作用。计算机控制系统是机器人的核心,相当于人的大脑,用来处理机器人的传感器接收的信息和控制运算,并协调机器人和加工系统之间的关系,它决定了控制系统的质量和机器人使用的方便程度。提高机器人精度的关键是提高定位精度,可采用提高本机固有的性能和通过计算机静态补偿与控制的方法,将测量得到的主要误差项,由硬件和软件分别进行补偿和控制,实现误差修正。

激光加工用机器人的工作方式大体分为两类:一类是机器人携带激光加工头运动,工件不动;另一类是机器人携带小型工件运动,激光头不动。第一种方式灵活轻便,机器人携带激光加工头可以在很大的范围内伸向所要加工的任意部位,特别适合于具有复杂结构的汽车外壳之类的大型三维部件的加工。第二种只适合于小而轻的工件加工。

激光加工用机器人按结构可分为关节式机器人和框架式机器人。关节式机器人动作灵活,造价低,适合示教编程,加工精度低;框架式机器人加工精度高,加工范围大,适合各种编程和系统集成,可以拓展功能,但是造价高。

以往的关节式激光加工用机器人大多是两、三轴的机械手,只能进行简单的加工。近几年,国内外在激光加工用机器人的研制方面有了很大的进展。国内已研制出了五维框架式激光加工用机器人系统,并将测量和加工功能合为一体,组成一个多功能的柔性测控激光加工系统。激光加工系统采用 500 W 的全数字化控制 YAG 激光器,20 m 长的光纤导光。激光加工机器人采用五维框架式(直角坐标式),三维直线运动,两维转动,保证了刚性,增大了系统的加工范围,用一台功能较强的计算机实现所有的控制功能。激光加工用机器人的缺点是刚性较差,运动精度和加工精度比龙门式激光加工系统低一些。

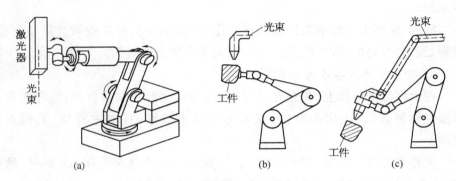

图 2-7 激光机器人运动方式

(a) 激光器运动;(b) 工件运动;(c) 光束运动

二、 激光加工成套设备系统及国内外主要生产厂家

激光加工成套设备系统包括激光发生器、数控系统、水冷机组、加工机床,它们构成了激光加工柔性制造系统。

1. 激光加工设备国外主要生产厂家

德国:TRUMPF(通快)公司,以 CO_2 和 YAG 激光成套设备为主;Rofin-sina 公司,以 CO_2、YAG、光纤、半导体激光器为主。

瑞士:Bystronic(百超)公司,主要技术为高速纵向龙门移动式光路。

意大利:PRIMA(普瑞玛)公司,主要技术为三维切割、自动聚焦、恒光路。

美国:PRC 激光公司,以 CO_2 激光和固体激光器为主;光谱物理公司,以固体激光器为主;相干公司,以小功率设备为主。

日本:AMADA(天田)公司、TANAKA 公司,主要技术为机载激光器龙门移动大幅面厚板材激光切割机。

2. 国内主要生产厂家

上海：上海团结普瑞玛激光设备有限公司,主营大功率激光设备。

武汉：武汉楚天激光集团公司,生产固体和气体低功率激光加工系统以及工业用激光、医疗用激光加工系统;武汉华中科大激光工程公司,生产高功率气体激光加工系统和固体激光器。

沈阳：沈阳大陆激光成套设备有限公司,生产激光切割焊接设备。

北京：北京大恒激光工程公司,生产高功率和低功率 CO_2 激光加工成套设备系统。

深圳：深圳市大族激光科技股份有限公司,主要从事工业激光设备制造,特别是激光打码机、激光焊接机和 CO_2 大功率激光切割机。

3. 世界激光设备市场分布[59]

在世界激光市场上,在激光材料加工设备方面,德国占首位;在激光医疗及激光检测方面,美国占首位;在光电子技术方面,日本占首位,美国占第二位。

世界激光器市场又可划分为三大区域:北美(主要是美国)占 55%;欧洲(主要是德国)占 22%;太平洋地区(主要是日本)占 23%。

第三节　激光加工用光学系统

在激光加工中,激光器输出的激光经过导光系统、聚焦系统或匀光系统等光学系统,照射到被加工工件上,以满足加工的要求。根据加工的不同要求,选择相应的激光波长、输出功率、运转形式(连续或脉冲)、激光模式等,所需的激光元器件也不同。合理选择激光光学元件和光学系统是保证加工质量的重要因素[6]。

一、　激光光学元件

1. 透射型光学元件

激光器的输出镜、聚焦系统的透镜、光路中的棱镜等均为透射型光学元件。用于透射型光学元件的材料应在工作波段有良好的透过率。在激光加工常用激光器中,CO_2 激光器输出波长为 10.6 μm 的红外线,不能透过普通光学玻璃，一般情况输出功率也很高，因此，需要特殊的输出窗口和透射光学元件材料；Nd：YAG 激光器输出波长为 $1.06~\mu m$ 的红外线，可以采用普通光学玻璃作为输出窗口和透射光学元件材料，采用最多的材料是硅酸硼冕牌玻璃，其透光波段为 $0.4 \sim 1.4~\mu m$，被广泛用来制作透镜、反射镜、棱镜等。

常用的 CO_2 激光透射材料有三种半导体材料：锗（Ge，对 $10.6~\mu m$ 波长的折射率 $n = 4$）、砷化镓（GaAs，对 $10.6~\mu m$ 波长的折射率 $n = 3.277$）和硒化锌（ZnSc，对 $10.6~\mu m$ 波长的折射率 $n = 2.4$）。前两者对可见光不透明，后者对可见光的黄光和红光部分透明。用硒化锌制作输出窗口时，可用氦氖激光器的红光作为准直光来调光路。锗在超过 $35\,^{\circ}\mathrm{C}$ 以上时吸收率和透过率将发生明显变化，这将严重影响到激光器的输出功率和稳定性，因此，锗材料只能用于小功率激光器，并且窗口还需水冷。砷化镓的热破坏温度最高，适用于高功率激光器。绝大多数材料的吸收率随温度的升高而增大。半导体材料对红外线的吸收主要是自由载流子吸收，吸收随温度上升按指数规律增加。材料吸收红外线后产生热量，半导体内自由载流子受热产生运动又增加了对红外线的吸收，如此循环，当温度升到破坏阈值时，窗口或透镜等透射元件将产生热破坏。由于硒化锌不仅对可见光透射，而且吸收率最低，因此，我国的高功率 CO_2 激光器多采用硒化锌制作窗口和聚焦透镜。

也可以采用氯化钾（KCl）或氯化钠（NaCl）作为 CO_2 激光器的透射材料，它们属于碱金属类红外材料，吸收率很低，对 $10.6~\mu m$ 波长的折射率为 1.5，折射率温度系数为负值，由热畸变引起的热透镜效应很小，对可见光透明。但其线胀系数大，热导率小，机械强度低，易潮解。

无论是 Nd：YAG 激光器采用普通光学玻璃作为输出窗口和透射光学元件材料，还是 CO_2 激光器采用锗、砷化镓、硒化锌作为输出窗口和透射光学元件材料，材料本身的透过率均不能满足要求，必须在两个表面镀介质膜或金属膜。

2. 反射型光学元件

激光器的全反射镜、导光系统中的高反射率转折镜和光路中的反射镜等是反射型光学元件。反射型光学元件不存在色散，其光学特性是对不同波长光的反射率不同。用于反射型光学元件的材料应在工作波段有良好的反射率。

对于红外激光，用来制作反射镜的材料有铜、钼、硅、锗等。金、银、铜对 CO_2 激光的反射率和热导率较大，很容易导出表面吸收的激光能量，所以破坏阈值很高,适合制作 CO_2 激光器的反射镜。

纯铜硬度低,不易进行光学抛光,一般是将铜粗磨后镀镍、铬,再精密抛光,镀金或红外介质膜。镀金可以提高铜镜的反射率和抗腐蚀与抗氧化能力,红外介质膜可以提高反射率和保护镀金表面。近年来发展起来的金刚石精密车削技术能直接车削出高精度的铜镜,加以镀膜用作反射镜。

钼镜的硬度高,熔点高,激光加工中的溅射物不易粘附在表面,可擦拭污染表面,所以易污染的加工部位可选用钼镜。

硅的热导率很大,线胀系数很小,只有铜的 15%,因而不易受热畸变,热稳定性好,其硬度很高,便于进行光学抛光。硅对 CO_2 激光的反射率低而吸收率高,抛光镀膜后可用作反射镜,但其破坏阈值低,一般在低功率密度下使用。

锗是 CO_2 激光 $10.6~\mu m$ 波长的透射材料,反射率很低,镀膜后反射率可达99%以上。锗的硬度也很高,便于进行光学抛光,但它的吸收率随温度的变化很大,只适合于制作低功率激光器。

砷化镓的吸收率小,基底材料抗破坏阈值大于 $1.5 \times 10^5~W/cm^2$,尽管它对红外线的反射率很低,但经过镀膜后反射率可达 99%以上,可以用作高功率激光器的反射镜。

3. 光学镀膜

镀膜是用物理或化学的方法在材料表面镀上一层透明的电介质膜(称为介质膜),或镀一层金属膜,目的是改变材料表面的反射和透射特性。

在可见光和红外线波段范围内,大多数金属的反射率都可达 78%~98%,但不可能高于 98%。无论是对于 CO_2 激光,采用铜、钼、硅、锗等来制作反射镜,采用锗、砷化镓、硒化锌作为输出窗口和透射光学元件材料,还是对于 Nd:YAG 激光采用普通光学玻璃作为反射镜、输出镜和透射光学元件材料,都不能达到全反射镜的反射率在 99%以上要求。不同应用时输出镜有不同透过率的要求,因此必须采用光学镀膜方法。

对于 CO_2 激光等中红外线波段,常用的镀膜材料有氟化钇、氟化镨、锗等;对于 Nd:YAG 激光等近红外波段或可见光波段,常用的镀膜材料有硫化锌、氟化镁、二氧化钛、氧化锆等。除了高反膜、增透膜以外,还可以镀对某波长增反射、对另一波长增透射的特殊膜,如激光倍频技术中的分光膜(二色镜)等。

二、　　光学聚焦系统

激光是方向性最好的光源,但是它仍然有一定的发散角;激光也是光强度和光功率密度最高的光源，但是仍然不能满足许多加工应用中对激光功率密度的要求。因此必须通过光学聚焦系统将激光束聚焦在很小的区域（几微米至几十微米）中，以提高其功率密度，满足激光加工的要求。

一般情况激光器的发散角为毫弧度量级，透镜焦距 f 为几十毫米，激光输出功率 P 为百瓦乃至数千瓦量级，所以经聚焦后，焦点处的激光功率密度可高达 $10^5 \sim 10^8$ W/cm^2。要想获得良好的聚焦光点和提高功率密度，应尽量采用短焦距透镜。

1. 倒置望远系统

倒置望远系统也称为扩束器，待扩束的光束从望远系统的目镜入射，从物镜出射。虽然激光束的发散角很小，但仍然有几毫弧度，发散角的存在直接影响聚焦效果。扩束器的用途是压缩光束的发散角和增大光束的直径，以减小聚焦光斑尺寸，对于采用扫描振镜的系统，还可以降低振镜上的激光功率密度，防止振镜被打坏。若物镜和目镜的焦距分别为 f' 和 f，扩束器将输入的光斑直径为 R 的平行光变为输出的光斑直径为 R' 的平行光，输出光束和输入光束的关系式为：

$$R' = \frac{f'}{f}R \qquad\qquad (2-7)$$

光束经扩束后，输出光束的发散角 θ' 和输入光束的发散角 θ 的关系式为：

$$\theta' = \frac{R}{R'}\theta \qquad\qquad (2-8)$$

这说明发散角的压缩倍率和光束扩束倍率相同。在激光打标、小孔加工、微细加工等装置中，必须采用扩束装置，以压缩激光束的发散角，减小聚焦光斑直径，提高激光功率密度。在扩束系统中，为了减少透镜对光能的吸收，可以采用镀金的金属反射镜。例如，使激光先后经过一个凸面和一个凹面镀金反射镜进行扩束，可减少吸收损耗，提高传输效率。

望远系统有两种：伽利略望远系统和开普勒望远系统。伽利略望远系统由正光焦度物镜和负光焦度目镜组成，光束先经负目镜发散，再经正物镜准直为平行光，负目镜又对正物镜的像差进行补偿，物镜和目镜有共同的虚焦点，整个系统尺寸小，尤其是避免了正透镜在光路中会聚激光所带来的不利影响。激光系统中大多采用伽利略望远系统。开普勒望远系统由两个正光焦度物镜和目镜组成，物镜和目镜有共同的实焦点。由于镜筒长，尺寸大，加之正透镜在光路中会聚激光，功率密度极高，将会破坏镜头，激光系统中一般不采用。

两种望远系统的结构如图 2-8 所示[6]。

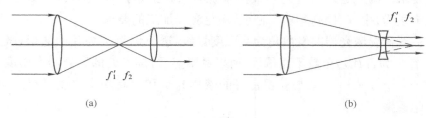

图 2-8 倒置望远镜聚焦系统的结构

(a) 开普勒望远系统；(b) 伽利略望远系统

2. 透镜聚焦系统

在激光加工系统中,当功率不是很高时(2 kW 以下),多采用透镜聚焦,而且出于加工方便考虑,基本采用球面透镜。特别是对于中红外波长的 CO_2 激光,可用的透射材料有限,难以加工用于消像差的不同材料的组合透镜,大多采用由半导体材料制成的单透镜系统,如经常采用硒化锌做成的平凸透镜、凹凸透镜、非球面透镜等。由于这些半导体材料对 CO_2 激光的折射率和反射率都较大,如在空气中的砷化镓表面对垂直入射的 $10.6~\mu m$ 激光的反射率约为 28%,所以用来制作聚焦镜时必须在两表面镀增透膜。

透镜聚焦时,在透镜边缘处散热好,温度低,透镜中心处温度高,致使透镜的曲率半径变化,产生"热透镜效应"。随着加工过程的进行,透镜温度逐渐升高,聚焦点也会有所变化,影响加工质量。因此透镜应当采取一定的冷却措施。

要想缩小聚焦光斑尺寸,需要采用短焦距透镜,但是工作距离太短,不利于加工操作,也会使加工中材料的飞溅物污染镜头,镜头一旦被污染,对激光的吸收会显著增加,将会使镜头破裂,所以应当综合考虑各种因素。任何透镜都存在像差,在要求较高的场合,需要采用消像差的组合透镜或非球面透镜。利用非球面透镜聚焦进行焊接和薄板切割等效果很好。

3. 反射聚焦系统

反射聚焦系统由单个或多个反射镜组成。由于反射镜通常由高导热材料制成,多数情况下可在背面通水冷却,所以镜面热畸变小,很适合用于数千瓦以上的高功率激光系统。

激光系统中常用的反射聚焦系统是单个球面反射镜,结构简单,容易调整,无色差,但存在像散,所以入射角不能太大,一般在 5° 以内。若想消除球差和像散,且要求聚焦光斑很小,可以采用抛物镜。抛物镜可以将平行于其对称轴的入射光线会聚在其焦点,不存在像差,聚焦质量高于球面反射镜,在大功率激光焊接中应用较多。但是抛物镜的调整精度要求很高,调整带来的误差将使其存在严重的像散。

也可以采用双球面反射镜系统,应用比较多的双球面反射镜系统为卡塞格林系统。平行激光入射到小凸面反射镜(双曲型),再由大凹面反射镜(抛物型)反射后聚焦。该系统结构比较紧凑,应用较广。常见的双球面反射镜系统如图 2-9 所示[6]。

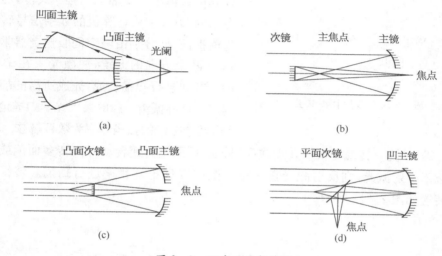

图 2-9 双球面反射系统

(a) 施瓦茨希尔德系统;(b) 格里高利系统;(c) 卡塞格伦系统;(d) 牛顿系统

三、 光学匀光系统

激光加工系统中,匀光系统的作用是将激光束均匀、快速、完整地照射到某一较大的范围内,以满足不同的加工要求。例如,激光表面处理,希望将激光束变换为功率密度均匀分布的大面积光斑,以保证激光均匀处理;振镜式激光打标,由于振镜以一定频率振动,经其反射再聚焦后使激光点在被打标工件上扫描,扫描的焦平面与工件平面不重合,需要加平场透镜加以矫正;激光微调机用以微调电阻值,为了在整个加工区域内保证光点尺寸的均匀性,也需采用平场透镜。

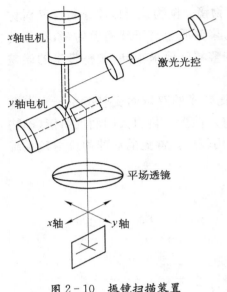

图 2-10　振镜扫描装置

1. 扫描器

1）振动镜　振动镜是机械振动式反射镜，简称振镜。一般是采用两个带有长方形光学反射镜片的伺服控制器在相互垂直的 x、y 方向以不同的频率扫描，光点合成的轨迹类似于电学中的李萨育图形。振镜扫描装置如图 2-10 所示。振镜上的反射镜要镀膜，以提高其反射率。计算机编辑出所要加工的程序文件，通过专用的 D/A 卡将计算机的数字信号转换为模拟信号，分别由两个伺服控制器驱动 x、y 两个方向的振镜，使激光束在 x、y 两个方向进行扫描合成，完成所需的加工程序。这种振镜一般的最大光学扫描角为 80°，两个振镜的扫描频率为数百赫兹。

2）转镜　转镜是机械转动式反射镜。可采用高速转动的旋转多面镜或多棱镜来反射激光，则反射激光在一定范围内以高重复频率进行扫描。转镜扫描装置如图 2-11 所示。

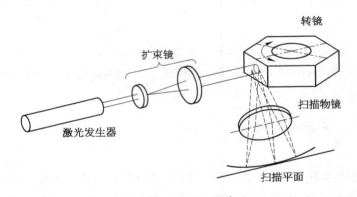

图 2-11　转镜扫描装置

转镜扫描一般由一个多面棱镜、驱动电机和控制系统组成，由于转镜是一个圆的内接多边形，若有 N 个反射面，每个面的张角就为 $360°/N$。由几何光学可知，转镜绕轴转动 α 角，反射光将转 2α 角，因此转镜扫描角度（反射光束扫描时覆盖的角度）可表示为：

$$\theta = \frac{720^\circ}{N} = \frac{4\pi}{N}\text{rad} \tag{2-9}$$

转镜的分辨率（可分辨的单元数）为：

$$A = \frac{12.6W}{N\lambda} \tag{2-10}$$

式中　W——镜面上的光束宽度；

　　　λ——激光波长。

若镜面宽 10 mm，反射面数 $N = 24$，激光波长 $\lambda = 633$ nm，则有 $A = 8\,249$ 点／次。若要求扫描频率 6 000 Hz，转镜旋转一转电机转速为 $6\,000/24 = 250$ r/s，即要求电机转速为 15 000 r/min。这种转镜的扫描频率比振镜高得多，可达上万赫兹，扫描光带内光功率密度分布的均匀性好，边缘清晰度较高，扫描角范围为 $5^\circ \sim 36^\circ$。

3）积分镜　积分镜是以球面镜为基底、由上面均匀粘贴着尺寸相同的小方镜片（或透镜）组成。小镜片将入射的平行激光的一部分反射（或透射），将反射的各方形光束在基底球面的焦点处重叠，尽管每个小方形光束可能强度分布不均匀，但多个叠加的结果，产生积分作用，便可获得均匀的激光斑。积分镜的结构如图 2-12 所示。

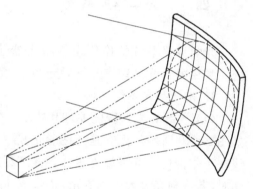

图 2-12　积分镜的结构

使用积分镜时，入射激光束充满小方镜片为最好，所以多数激光束需要扩束。另外，由于小镜片存在衍射及各束光之间的干涉，光斑内有可能出现干涉条纹。

积分镜没有运动部件，比振镜和转镜简单可靠，但其光斑尺寸调整困难。

2. 二元光学匀光系统

基于光学衍射原理的二元光学技术是近些年发展起来的光学领域中的新技术。二元光学器件是光学与微电子学相结合的一种浮雕型光栅器件，这种光电子领域的新型功能器件是通过光的衍射来控制光的传播方向。其构思是根据要求输出的光束结构来确定器件的复振幅反射率或复振幅透过率调制函数，选择材料，确定三维结构，利用计算机辅助设计和微电子学工艺技术制造出微型相位光栅。该器件具有很高的衍射效率、独特的色散性能、更多的设计自由度、宽广的材料和参数选择性、集成化和阵列化等优点,可广泛应用于光束波前整形和重建、光束匀滑、光束分束与合束、像差矫正、光束准直、长焦深器件、激光聚焦矫正、坐标变换等方面。

采用二元光学器件的二元光学匀光系统已成功地将椭圆高斯光束变换为均匀圆光束。将圆形高斯光束变换成矩形、三角形、线形等形状的均匀光束,同时实现了改变光束形状和能量分布均匀化的功能,国内在大功率激光加工,如激光表面热处理、激光淬火等方面已有应用。二元光学技术还可以将半导体激光器发出的椭圆像散光束准直整圆并消像散;用作激光聚焦矫正器,补偿透镜的色差,使准直激光(如 632.8 nm 的氦氖激光)和应用激光(如 10.6 μm 的 CO_2 激光)聚焦于同一点等。

四、 光学导光系统

光学导光系统的作用是将激光器输出的激光引导到聚焦系统或匀光系统。常用的导光系统有光纤导光系统、多关节式导光系统等。

1. 光纤导光系统

(1)光纤导光系统的原理和要求。光纤是利用光的全反射原理传输光能,如图 2-13 所示。光纤是圆柱形光波导,纤芯折射率 n_1 大于包层折射率 n_2,光线在子午面内由光纤端面进入到光纤纤芯,并以入射角 θ 入射到纤芯和包层界面时,若入射角 θ 大于临界角,$\theta = n_2/n_1$,则发生全反射,在纤芯中继续不断地全反射,以锯齿形状在光纤中传输,从另一端折射输出。对于光纤端面上的入

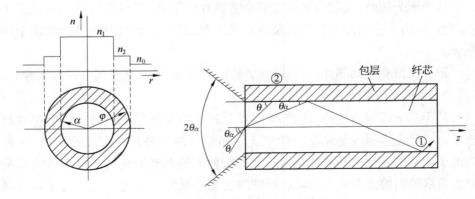

图 2-13 光纤传光原理示意图

射角 φ，存在一个最大值 φ_m，可由全反射条件和临界角关系给出：

$$\sin \varphi_m = \frac{1}{n_0} \sqrt{n_1^2 - n_2^2} \qquad (2-11)$$

式中　n_0——光纤外介质的折射率。

当 $\varphi > \varphi_m$ 时，光线将透过界面进入包层，向周围空间产生辐射损耗，光纤则不能有效地传输光能。通常将 $n_0 \sin \varphi_m$ 称为光纤的数值孔径（NA），可表示为：

$$NA = \sqrt{n_1^2 - n_2^2} \approx \sqrt{2n_1^2 \left(\frac{n_1 - n_2}{n_1} \right)} = n_1 \sqrt{2\Delta} \qquad (2-12)$$

式中

$$\Delta = \frac{n_1 - n_2}{n_1} \qquad (2-13)$$

Δ 称为纤芯和包层的相对折射率差，一般光纤的 Δ 为 0.01～0.05。若光纤所在介质为空气（$n_0 = 1$），则数值孔径（NA）一定小于 1。

普通光纤是以 SiO_2 为基质材料，可以很好地透过波长为 1.06 μm 的 YAG 激光，但是对波长为 10.6 μm 的 CO_2 激光不透明。目前在研究将卤化物材料用来作为传输 CO_2 激光的光纤材料。激光加工用的光纤与普通光通信用光纤不同，需要传输高功率激光，要求能承受高功率密度，一般芯径较大，为几百至上千微米。例如，用芯径为 600 μm 的光纤传输 1 kW 的激光时，功率密度可达 3×10^5 W/cm^2，可以满足焊接和切割等激光加工的要求。虽然光纤可以传输连续和脉冲激光，但由于调 Q 激光和锁模激光的峰值功率太高，容易把光纤端面损坏，所以一般调 Q 激光和锁模激光不能用光纤传输，必须采用转动反射镜提高损伤阈值的多关节式导光系统。另外应当注意光纤端面保持干净，否则灰尘在强激光照射下很快汽化，容易将光纤端面损坏，严重影响加工质量。

影响光纤传输的因素包括光纤的数值孔径、纤芯的尺寸、纤芯和包层的相对折射率差、光斑尺寸、激光功率、光纤端面质量、连接耦合、光纤长度等参数。

（2）光纤导光系统的优点

① 光纤传输系统比透镜、反射镜、棱镜等系统体积小，结构简单，柔性好，灵活方便，可以加工常规系统不容易加工的部位。

② 光纤传输系统容易实现一台激光输出，轮流或同时导向多个加工部位。

③ 采用光纤可以远距离传输，光束不发散。

④ 采用光纤可显著改善加工光束的均匀性,使加工区域的边缘清晰。

⑤ 光纤便于与机器人或其他元件耦合,给各种应用带来了方便。

但由于光纤传输存在光纤端面的反射损耗、光纤的吸收损耗、散射损耗等,所以光纤传输系统的传输效率约为 90%。目前光纤导光系统仅可用于波长为 $1.06~\mu m$ 的 Nd:YAG 激光器的导光系统,波长为 $10.6~\mu m$ 的 CO_2 激光器因热损严重,一般不采用。

2. 多关节式导光系统

多关节式导光系统是将多个光学关节组合在一起,形成光学关节臂,其输入端固定,输出端由外部操作,可以按任意方位到达任何需要加工的位置。光束经过多关节式导光系统后,在导光光路长为 2 m 时,出射光束相对于光轴中心的偏移量可做到 $\pm 1~mm$ 以内,每一个拐弯处都是一个 $45°$ 的转动反射镜,即反射镜绕入射光轴线转动,以改变光束的方向。多个转动反射镜的组合,将光束传播至所需加工的任意部位。每个反射镜一般镀有高破坏阈值的 $45°$ 全反射介质膜,以便尽可能多地将光束能量传播到加工部位,并防止被激光打坏。

第四节　激光束参量测量

激光束参量能够反映出激光源光束的质量,它包括光束波长、功率、能量、模式、束散角、偏振态、束位稳定度、脉宽及峰值功率、重复频率及平均输出功率等 11 个主要参量[1, 9]。

激光束参量测量的目的就是判定光源光束质量的好坏。激光束参数测量的主要任务是选样或研制合理的探测器,有效地组织所测参量的测试装置,掌握必要的测试技术,对测试数据进行计算和误差分析,得出准确可靠的结果。

一、　激光束功率、能量参数测量

功率、能量是激光束主参量,它直接决定加工工艺的结果。激光束功率、能量测量是通过激光功率、能量计接收激光束,并显示其量值实现测量的。常用的激光功率、能量计主要分为热电型和光电型两种。

二、　激光束模式测量

1. 模式的识别和划分

激光束模式用 $TEM_{m,n,q}$ 表示。其中，下标 q 为纵模序数，这里可不考虑；下标 m、n 为垂直光束平面上 x、y 两个方向上的横模序数。

激光束的空间形状是由激光器的谐振腔决定的，且在给定的边界条件下，通过解波动方程来决定谐振腔内的电磁场分布，在圆形对称腔中具有简单的横向电磁场的空间形状。

腔内的横向电磁场分布称为腔内横模，用 $TEM_{m,n}$ 表示，如前所述，其中下标 m、n 为垂直光束平面上 x、y 轴两个方向上的横模序数。

m 或 n 的序数判断，习惯上以 x、y 方向上能量（功率）分布曲线中谷（节点）的个数来定。那么，m 序数就是 x 方向趋近零的节点个数；n 序数则是 y 方向上趋近于零的节点个数，如图 2-14 所示。

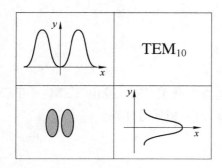
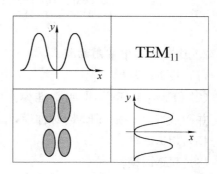
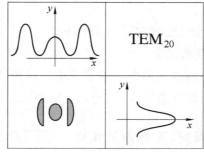

图 2-14　腔内横模示意图（轴对称模式）

模式又可以分为平面对称和旋转对称。当图形以 x 轴或 y 轴为对称平面，就是轴对称。如图 2-15 上半部分所示的 a、b、c、d 均为轴对称；旋转对称是以图形中心为轴，旋转后图形可以得到重合，如图 2-15 下半部分所示的 e、f、g、h。

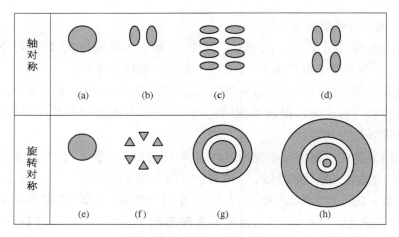

图 2-15　激光束轴对称模式和旋转对称模式

(a) TEM_{00}；(b) TEM_{10}；(c) TEM_{13}；(d) TEM_{11}；
(e) TEM_{00}；(f) TEM_{03}；(g) TEM_{10}；(h) TEM_{20}

2. 激光加工中常用的模式

(1) TEM_{00} 基模。

(2) TEM_{01}^{*} 单环模，也叫基准模。由虚共焦腔产生，或由 $TEM_{01} + TEM_{10}$ 模简并而成。为区别 TEM_{01} 对称模，单环模要用星号注别。

(3) TEM_{01} 模。

(4) TEM_{10} 模。

(5) TEM_{20} 模。

(6) 多模。多模分圆光斑和板条光斑两种。

3. 大功率激光束模式测量

大功率激光束模式测量采用大功率激光束标准模式测量仪。几种适用的模式观测法有：烧斑法；红外摄像法；紫外荧光暗影法。

三、　激光束束宽、束散角及传播因子测量

1. 有关参量的符号和定义

(1) 束宽 $d_{\sigma x}$、$d_{\sigma y}$ 或束径 d_σ：$d_{\sigma x}(z) = 4\sigma_x(z)$，$d_{\sigma y}(z) = 4\sigma_y(z)$，$d_\sigma(z) =$

$2\sqrt{2}\sigma(z)$。

（2）束腰位置 z_0 或 z_{ax}、z_{ay}（非轴向对称）：光束光轴上束宽最小值的位置。

（3）腰径：d_{a0} 或腰宽 d_{a0x} 和 d_{a0y}（非轴向对称光束）。

（4）束散角：（远场发散角）θ_σ 或 θ_{ax} 和 θ_{ay}（非轴向对称光束）。

（5）光束传播因子：K 或 K_x 和 K_y（非轴向对称光束）。

K 与腰径 d_{a0} 和束散角 θ_σ 的关系式为：

$$K = \frac{4\lambda_0}{\pi} \cdot nd_{a0} \cdot \theta_\sigma \qquad (2-14)$$

式中　λ_0——波长；

　　　n——折射比。

（6）束散角公式：$\theta_\sigma = \dfrac{4\lambda_0}{\pi d_{af}}$（$d_{af}$ 为聚焦光斑直径）。

2. 束径、束散角测量

束径测量是实现准确测定光束束散角、传播因子的必要手段。束径实测的技术难点是测腰径 d_{a0}。

束散角是激光束加工的重要参量。在设计激光谐振腔时，束散角成为必须考虑的几何参量。可以说束散角小模式趋于小；多阶模则束散角必定大。所以，束散角小的转换含义就是加工时的聚焦光斑小，也容易实现聚焦。功率密度也高。这进一步说明束散角大小是关系着加工效率高低和加工工艺好坏的重要参量。

测量束径、腰径和束散角通常有两种方法：

（1）直接测量法。本方法是通过可以分辨 0.01 mm 束径的"标准束径测量仪"配合用长焦距聚焦器对光束进行人造腰束实现束散角的直接测量的。

（2）二阶矩测算法。若不考虑窗口镜片的热变形因素，平常所称正束散角的腰径，大多是在谐振腔内，所称负束散角的腰径位置大多在谐振腔外。

四、　激光束偏振态测量

激光是横向电磁波，它由互相垂直并与传播方向垂直的电振荡和磁振荡组成，如图 2-16 所示。

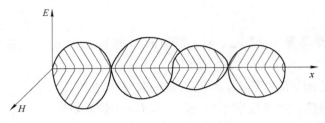

图 2-16 矢量 E 在 x 平面内振荡

在电磁场中,电场矢量 E 的取向决定激光束的偏振方向。如果电矢量在同一平面内振动,称为平面偏振光或叫线偏振光。激光是线偏振光,而自然光可看作是非偏振光。两束偏振面相互垂直的线偏振光叠加,当相位差固定时,则成为椭圆偏振光,加工用激光束多为椭圆偏振光。对有一定厚度的铁板用激光束切圆,会看到切缝正面为圆,背面为椭圆。为了避免激光束偏振对加工带来的影响,就要使上述两束光的强度相等,可通过使其相位差为 $\pi/2$ 或 $3\pi/2$,这样就得到圆偏振光。圆偏振激光束经过任何固定点时,瞬时电场矢量的取向效应相同,具备非偏振光同等效应,这正是加工所需的光束。

激光的偏振状态对材料加工的效率与质量均有重大影响。材料对激光束的吸收比不仅由材料本身的光学性质决定,还与激光束入射角和激光束的偏振状态有直接关系。

激光加工中遇到的偏振测量,基本基于两个方面:一个是对激光束偏振状态测量;一个是对圆偏振镜的圆偏振性能检测。

激光束偏振状态测量用起偏器和检测器。

五、 激光束的光束质量及质量因子 M^2 的概念

激光束的光束质量是激光器输出特性中的一个重要指标参数。

1988 年,A. E. Siegman 利用无量纲的量——光束质量因子 M^2 较科学地描述了激光束质量,并为国际标准组织(ISO)所采纳。

光束质量因子 M^2:

$$M^2 = \frac{\text{实际光束束腰宽度和远场发散角的乘积}}{\text{基模高斯光束束腰宽度和远场发散角的乘积}} \qquad (2-15)$$

对于基模(TEM$_{00}$)高斯光束,有 $M^2 = 1$,光束质量好,实际光束 M^2 均大于 1,表征了实际光束衍射极限的倍数。光束质量因子 M^2 为:

$$M^2 = \pi D_0 \theta / (\Delta\lambda) \qquad\qquad (2-16)$$

式中 D_0——实际光束束腰宽度(mm);

θ——光束远场发散角。

M^2 参数同时包含了远场和近场的特性,能够综合描述光束的品质,且具有通过理想介质传输变换时不变的重要性质。

第五节 激光与材料的交互作用机理

一、 激光与材料相互作用的几个阶段

目前,激光加工用激光多处于红外波段(CO_2 激光——10.6 μm,YAG 激光——1.06 μm)。根据材料吸收激光能量而产生的温度升高,可以把激光与材料相互作用过程分为如下几个阶段[9]:

1. 无热或基本光学阶段

从微观上来说,激光是高简并度的光子,当它的功率(能量)密度很低时,绝大部分的入射光子被材料(金属)中电子弹性散射,这阶段主要物理过程为反射、透射和吸收。由于吸收热很低,不能用于一般的热加工,主要研究内容属于基本光学范围。

2. 相变点以下加热阶段($T < T_s$)

这里 T 为加工热温度,T_s 为相变点温度。当入射激光强度提高时,入射光子与金属中电子产生非弹性散射,电子通过"逆韧致辐射效应",从光子获取能量。处于受激态的电子与声子(晶格)相互作用,把能量传给声子,激发强烈的晶格振动,从而使材料加热。当温度低于相变点($T < T_s$)时,材料不发生结构变化。从宏观上看,这个阶段激光与材料相互作用的主要物理过程是传热。

3. 在相变点以上,但低于熔点加热阶段($T_s < T < T_m$)

这里 T_m 为熔点温度。这个阶段为材料固态相变,存在传热和质量传递物理过程。主要工艺为激光相变硬化,主要研究激光工艺参数与材料特性对硬化的影响。

4. 在熔点以上,但低于汽化点加热阶段($T_m < T < T_v$)

这里 T_v 为汽化温度。激光使材料熔化,形成熔池。熔池外主要是传热,

熔池内存在三种物理过程：传热、对流和传质。主要工艺为激光熔凝处理、激光熔覆、激光合金化和激光传导焊接。

5. 在汽化点以上加热（$T > T_v$）阶段

出现等离子体现象。激光使材料汽化，形成等离子体，这在激光深熔焊接中是经常见到的现象。利用等离子体反冲效应，还可以对材料进行冲击硬化。

二、 影响激光与材料作用的因素

1. 物理过程

激光作用到被加工材料上，光波的电磁场与材料相互作用，这一相互作用过程主要与激光的功率密度和激光的作用时间、材料的密度、材料的熔点、材料的相变温度、激光的波长、材料表面对该波长激光的吸收率、热导率等有关。激光的作用使材料的温度不断上升，当作用区光吸收的能量与作用区输出的能量相等时，达到能量平衡状态，作用区域温度将保持不变，否则温度将继续上升。这一过程中，激光作用时间相同时，光吸收的能量与输出的能量差越大，材料的温度上升越快；激光作用条件相同时，材料的热导率越小，作用区域与其周边的温度梯度越大；能量差相同时，材料的比热容越小，材料作用区的温度越高。

激光的功率密度、作用时间、作用波长不同，或材料本身的性质不同，材料作用区的温度变化就不同，使材料作用区内材料的材质状态发生不同的变化。对于有固态相变的材料来说，可以用激光加热来实现相变硬化。对于所有材料，可以用激光加热使材料处于液态、气态或者等离子体等不同状态。在不同激光参数下的各种加工应用范围如图 2−17 所示。激光脉宽为 10 ms 左右，聚焦功率密度为 10^2 W/mm^2 时，作用于金属表面，主要产生温升相变现象，用作激光相变硬化；激光作用时间在 4～10 ms，聚焦功率密度在 10^2～10^4 W/mm^2 的范围时，金属材料除了产生温升、熔化现象之外，主要是汽化，同时还存在微波，可用于熔化、焊接、合金化和熔覆。激光作用时间为 3～4 s，聚焦功率密度在 10^5～10^9 W/mm^2 的范围时，金属材料除了产生温升、熔化现象之外，还发生汽化，同时存在激波和爆炸冲击，主要用于打孔、切割、划线和微调等。激光作用时间小于 6～10 s，聚焦功率密度增大到 10^9 W/mm^2 时，除了产生上述现象外，金属内热压缩激波和金属表面上产生的爆炸冲击效应为主要现象，主要用于冲击硬化。

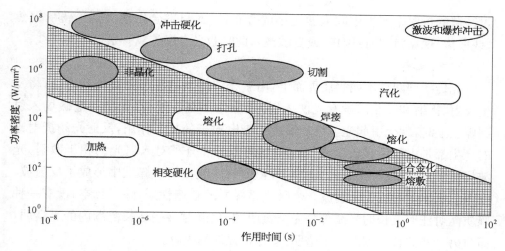

图 2-17　各种参数下激光加工的可能应用和影响

2. 能量变化规律

激光照射到材料上,要满足能量守恒定律,即满足:

$$R + T + \alpha = 1 \qquad (2-17)$$

式中　R——材料的反射率;

　　　T——材料的透射率;

　　　α——材料的吸收率。

若激光沿 x 方向传播,照射到材料上被吸收后,其强度减弱,满足布格尔定律或朗伯定律:

$$I = I_0 e^{-\alpha x} \qquad (2-18)$$

式中　I_0——入射光强度;

　　　α——材料的吸收率,常用单位为 mm^{-1},与光强无关;

　　　e——自然对数的底 2.718 28。

由此可见,激光在材料内部传播时,强度按指数规律衰减,其衰减程度由材料的吸收率 α 决定。通常定义激光在材料中传播时,激光强度下降到入射光强度的 $1/e$ 处对应的深度为穿透深度。吸收率 α 与材料的种类、激光入射波长等有关。

当激光强度达到足够高时,强激光与物质作用的结果使物质的折射率发生变化,激光束中间强度高、两边强度迅速下降的高斯分布,使材料中光束通过区域的折射率产生中间大两边小的分布,因此材料会出现类似透镜的聚焦(或散焦)现象,称为自聚焦(或自散焦),此时激光自聚焦成一条很细的亮线。

3. 吸收率

光传播到两种不同媒质界面上,由于光波的电磁场与物质相互作用,将发生反射、折射和吸收。没有光波入射,媒质处于电中性,当光波的电磁场入射到媒质上时,就会引起光波场和媒质中带电粒子的相互作用,反射光和折射光的产生都是由于两媒质交界面内一层的原子和分子对入射光的相干散射,光波场使界面原子成为振荡的偶极子,辐射的次波在第一媒质中形成了反射波,在第二媒质中形成了折射波。光吸收是媒质的普遍性质,除了真空,没有一种媒质能对任何波长的光波都是完全透明的,只能对某些波长范围内的光透明,而对另一些波长范围的光不透明,即存在强烈的吸收。

各种媒质的吸收率差别很大,对于可见光(波长范围 $400\sim700\ nm$),金属的吸收率 $\alpha \approx 10^6\ mm^{-1}$,玻璃的吸收率 $\alpha \approx 10^{-2}\ mm^{-1}$,而一个大气压下空气的吸收率 $\alpha \approx 10^{-5}\ mm^{-1}$。这表明非常薄的金属片就能吸收通过它的全部光能。一种材料若是透明的,它的穿透深度必须大于它的厚度。金属的穿透深度小于波长数量级,因此绝大多数金属是不透明的。

材料对激光的吸收率主要与激光作用波长、材料温度、入射光偏振态、激光入射角和材料表面状况有关。

(1)波长的影响。吸收率 α 是波长的函数,根据吸收率随波长变化规律的不同,把吸收率 α 与波长有关的吸收称为选择吸收,与波长无关的吸收称为一般吸收或普遍吸收。例如,半导体材料锗(Ge)对可见光不透明,吸收率高,但对 $10.6\ \mu m$ 的红外光是透明的,因此,可以用作 CO_2 激光器的输出腔镜。在可见光范围内,普通光学玻璃吸收都较小,基本不随波长变化,属于一般吸收,但普通光学玻璃对紫外光和红外光,则表现出不同的选择性吸收。有色玻璃具有选择性吸收,红玻璃对红光和橙光吸收少,而对绿光、蓝光和紫光几乎全吸收。所以当白光照到红玻璃上时,只有红光能透过去,看到它是红色的。若红玻璃用红光的对比色绿光照射,玻璃看上去将是黑色。绝大部分物体呈现颜色,都是其表面或内部对可见光进行选择吸收的结果。

一般情况,照射光的波长越长,吸收率越小,材料吸收率与波长的关系如图2-18所示[6]。室温下,氩离子激光(488 nm)、红宝石激光(694.3 nm)、YAG激光($1.06\ \mu m$)和 CO_2 激光($10.6\ \mu m$)作用时多种光洁表面材料的吸收率见表2-2。

表2-2 室温下几种激光波长作用时多种光洁表面材料的吸收率[6]

材　料	氩离子激光 (488 nm)	红宝石激光 (694.3 nm)	YAG 激光 (1 064 nm)	CO₂ 激光 (10 600 nm)
铝 Al	0.09	0.11	0.08	0.019
铜 Cu	0.56	0.17	0.10	0.015
金 Au	0.58	0.07	—	0.017
铱 Ir	0.36	0.30	0.22	—
铁 Fe	0.68	0.64	—	0.035
铅 Pb	0.38	0.35	0.16	0.045
钼 Mo	0.48	0.48	0.40	0.027
镍 Ni	0.58	0.32	0.26	0.030
铌 Nb	0.40	0.50	0.32	0.036
铂 Pt	0.21	0.15	0.11	0.036
铼 Re	0.47	0.44	0.28	—
银 Ag	0.05	0.04	0.04	0.014
钽 Ta	0.65	0.50	0.18	0.044
锡 Sn	0.20	0.18	0.19	0.034
钛 Ti	0.48	0.45	0.42	0.080
钨 W	0.55	0.50	0.41	0.026
锌 Zn	—	—	0.16	0.027
砷化镓 GaAs				5×10^{-3}
硒化锌 ZnSe				1×10^{-3}
氯化纳 NaCl				1.3×10^{-3}
氯化钾 KCl				7×10^{-5}
锗 Ge				1.2×10^{-2}
碲化镉 CdTe				2.5×10^{-4}
溴化钾 KBr				0.420

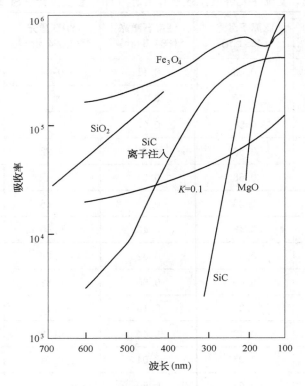

图 2-18　材料吸收率与波长

（2）温度的影响。当温度变化时,材料对激光的吸收率也随之变化,温度升高,材料的吸收率增大;激光功率越大,使材料温度上升得越高,则材料的吸收率也越大。例如,金属在室温下的吸收率较小,温度上升到熔点附近的时,吸收率达到40％～50％,若温度上升到沸点附近时,吸收率可达90％。在 CO_2 激光器输出的 10.6 μm 激光照射下,几种金属的反射率与材料温度的关系如图 2-19 所示[6]。

（3）金属材料对激光的吸收。导电媒质的特征是存在许多未被束缚的自由电荷,对金属来讲,这些电荷就是电子,其运动构成了电流（金属中 1 cm^3 中电子数约为 10^{22} 的数量级）,因此金属的电导率 σ 很大,即使某时刻存在电荷密度 ρ,也会很快地衰减为零,可以认为金属中的电荷密度 ρ 为零。实际金属中,传导电子和进行热扰动的晶格或缺陷发生碰撞,将入射的光波能量不可逆地转化为焦耳热。因此,光波在金属中传播时,会被强烈地吸收。

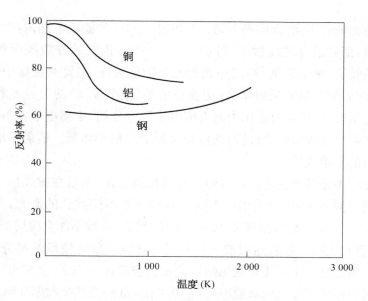

图 2-19　几种金属的反射率与材料温度的关系

当光照射在清洁磨光的金属表面时,金属中的自由电子将在光波电磁场的作用下强迫振动,产生次波,这些次波构成了很强的反射波和较弱的透射波,这些透射波很快地被吸收。

由物理光学可知,金属材料的折射率为复数,光波在金属中传播时,定义光波振幅衰减到表面振幅的 $1/e$ 处的传播距离为穿透深度,这个穿透深度小于波长数量级。一种材料若是透明的,它的穿透深度必须大于它的厚度。可见光波只能透入金属表面很薄的一层内,因此,通常情况下,金属是不透明的。例如,铜在 100 nm 的紫外光照射下的穿透深度约为 0.6 nm 而在 10.6 μm 的红外光照射下的穿透深度约为 6 nm,当把金属做成很薄的薄膜时,它可以变成透明的。

金属对光波的作用是强吸收和强反射。强吸收指的是在小于波长数量级的穿透深度内,金属中的传导电子将入射的光波能量转化为焦耳热,一般在 $10^{-11} \sim 10^{-10}$ s 的时间内被强烈地吸收,但由于穿透深度很小,电子耗散的总能量很少。强反射指的是由于金属表面的反射率比透明媒质(如普通光学玻璃)高得多,大部分入射能量都被金属表面反射。各种金属因其自由电子密度不同,反射光波的能力不同。一般情况,自由电子密度越大,即电导率越大,反射率越高。

入射光波长不同,反射率不同。在可见光和红外波段范围内,对于大多数金属来讲,都有很高的反射率,可达 78%～98%,而在紫外波段吸收率很高。因为波长较长(频率较低)的红外光的光子能量较低,主要对金属中的自由电子发生作用,使金属的反射率高;而波长较短(频率较高)的可见光和紫外光,其光子能量较高,可以对金属中的束缚电子发生作用,束缚电子本身的固有频率正处在可见光和紫外光波段,它将使金属的反射率降低。透射率增大,呈现出非金属的光学性质。

正是因为金属表面的反射率随激光波长而变化,而且在激光加工中,为了有效地利用激光能量,应当根据不同的材料选用不同波长的激光。对于红外波段的 $10.6~\mu m$ CO_2 激光和 $1.06~\mu m$ YAG 激光,一般不能直接用于金属表面处理,需要在表面加吸收涂层或氧化膜层。材料对紫外波段的准分子激光吸收率高。因此准分子激光是理想的激光加工波段。由表 2-2 也可以看出,室温下金属表面对可见光的吸收率比对 $10.6~\mu m$ 红外光的吸收率高得多。

激光能量向金属的传输,就是金属对激光的吸收过程。金属中的自由电子密度越大,金属的电阻越小,自由电子受迫振动产生的反射波越强,则反射率越高。一般导电性越好的金属,对红外激光的反射率越高。

在可见光和红外波段,大多数金属吸收光的深度均小于 10 nm。当激光照射到金属表面时,激光与金属材料相互作用,作用区的表面薄层吸收了激光能量,在 10^{-11}～10^{-10} s 的时间内转换为热能,使表面温度升高,同时金属表面发生氧化和被污染,降低了金属表面的粗糙度。粗糙表面比光滑表面的吸收率可以提高一倍。金属被加热到高温并保持足够时间后,金属与环境介质将发生相互作用,使表面发生化学成分的变化。例如,含碳量较高的钢或铸铁,在氧化气氛下,激光使其加热到高温,在表面层会产生一个非常薄的脱碳区。当金属表面覆盖有石墨、渗硼剂、碳、铬和钨等介质时,可以利用激光实现钢的渗碳、渗硼和激光表面合金化。当对金属表面处理后,如用阳极氧化处理铝表面,可以使铝对 $10.6~\mu m$ CO_2 激光的吸收率接近 100%。

(4) 非金属材料对激光的吸收。一般情况,塑料、玻璃、树脂等非金属材料对激光的反射率较低,表现为高吸收。非金属材料的导热性很低,在激光作用下,不是依靠自由电子加热。长波长(低频率)的激光照射时,激光能量可以直接被材料晶格吸收而使热振荡加强。短波长(高频率)的激光照射时、激光光子能量高,激励原子壳层上的电子,通过碰撞传播到晶格上,使激光能量转换为热能被吸收。

一般非金属材料表面的反射率比金属表面的反射率低得多,也就是进入非金属中的能量比金属多。有机材料的熔点或软化点一般比较低,有的有机材料吸收了光能后内部分子振荡加剧,使通过聚合作用形成的巨分子又解聚,部分材料迅速汽化,激光切割有机玻璃就是例子。木材、皮革、硬塑料等材料经过激光加工,被加工部位边缘会碳化。玻璃和陶瓷等无机非金属材料的导热性很差,激光作用时,因加工区很小,会沿着加工路线产生很高的热应力,使材料产生裂缝或破碎。线胀系数小的材料不容易破碎,如石英等;线胀系数大的材料就很容易破坏,如玻璃等。

在激光加工中,激光器的谐振腔镜、聚焦光学系统的光学元件等,都是激光光学材料。根据所用激光波长的不同,应选用不同的光学材料。在表 2-2 中所列的如砷化镓(GaAs)、硒化锌(ZnSe)、氯化钠(NaCl)、氯化钾(KCl)、锗(Ge)、碲化镉(CdTe)、溴化钾(KBr)等材料,都可用作红外激光腔输出镜材料,因为它们对大部分红外激光都是透明的。

激光谐振腔或激光加工光学系统的破坏阈值与激光的功率密度、材料的特性、使用条件等有关。造成材料破坏的原因主要是热效应和应力。为了提高激光谐振腔镜盒光学元件的反射率或者透射率,常在光学材料上用物理或化学的方法涂敷透明的电介质薄膜,如氟化镁(MgF_2, $n=1.38$)用于增透射,硫化锌(ZnS, $n=2.34$)用于增反射。这些薄层材料在强激光的作用下,也会被破坏。此外,激光谐振腔镜和光学器件还会因为吸收部分激光能量,使材料发热,产生热变形,因而改变其透镜的曲率半径,即产生热透镜效应,改变激光束的发散角和有关参数,影响激光加工的质量。

(5)半导体材料对激光的吸收。半导体材料的性质介于导体(金属)和绝缘体之间。半导体材料中承载电流的是带负电的电子和带正电的空穴,其物理、化学等基本性质是由半导体的电子能谱中的导带、价带和禁带决定。

原子中的电子以不同的轨道绕原子核运动,其能量是一系列分立值,称为能级。晶体中原子的电子状态受其他原子影响,其能量值很靠近,形成一个能量范围,许多能量很靠近的能级组成能带。对纯净半导体(本征半导体)如硅(Si)、锗(Ge)等,电子运动的能量被限制在某些能带内。

在半导体中,由于热激发产生载流子,即使中等强度的远红外激光照射,也可以产生很高的自由载流子密度,因此吸收率随温度增加的速度很快。有的半导体材料对可见光不透明,但是对红外光相对透明,原因是半导体带间吸收在可见光区,而在红外区,表现为弱吸收。因此,采用激光对半导体材料退火时，应当采用波长较短的激光。

　　激光与半导体材料相互作用时，除了与激光参数有关外，还与半导体材料的晶体结构、导电性等因素有关，这些因素直接影响激光作用下半导体的破坏阈值。例如，用波长为 694.3 nm、脉宽为 0.5 μs、能量密度为 1～80 J/cm² 的脉冲红宝石激光照射半导体材料，硅（Si）的破坏阈值为 17 J/cm²，硒化镉（CdSe）的破坏阈值仅为 1 J/cm²，其他半导体材料的破坏阈值均低于 10 J/cm²。

　　当激光达到一定强度时，激光的作用会使半导体材料产生裂纹，这种裂纹所需的激光脉冲能量与半导体材料的导电性有关，材料的电阻越小，所需的激光脉冲能量越大。当用波长为 694.3 nm，脉宽为 3～4 ms，功率密度为 4×10^5 W/cm² 的脉冲红宝石激光照射砷化镓（GaAs）、磷化镓（GaP）等半导体材料时，可观察到半导体化合物的解离。这是由于激光作用下，半导体化合物发生了热分解，温度高于半导体化合物的熔点，致使激光作用区产生新月形凸起，附近有金属液滴出现。控制激光参数，可以在半导体化合物表面得到任意形状的金属区。

　　4. 反射率

　　对于大部分金属来说，反射率为 70%～90%。当激光由空气垂直入射到平板材料上时，根据菲涅耳公式，反射率为[6]：

$$R = \left| \frac{n-1}{n+1} \right| = \frac{(n_1-1)^2 + n_2^2}{(n_1+1)^2 + n_2^2} \tag{2-19}$$

式中　n_1——材料复折射率的实部；

　　　n_2——材料复折射率的虚部，非金属材料的虚部为零。

　　实际上，金属对激光的吸收还与温度、表面粗糙度、有无涂层、激光的偏振特性等诸多因素有关。金属与激光相互作用过程中，光斑处的温度上升，引起熔化、沸腾和汽化现象，导致电导率改变，会使反射率发生很复杂的变化。

　　由物理光学理论可知，对于普通电介质，根据菲涅耳公式，光波入射到两种电介质界面时，垂直入射面的 S 分量的反射率为[6]：

$$R_S = \left(\frac{n_1 \cos \theta_1 - n_2 \cos \theta_2}{n_1 \cos \theta_1 + n_2 \cos \theta_2} \right)^2 \tag{2-20}$$

　　平行于入射面的 P 分量的反射率为：

$$R_P = \left(\frac{n_2 \cos \theta_1 - n_1 \cos \theta_2}{n_2 \cos \theta_1 + n_1 \cos \theta_2} \right)^2 \tag{2-21}$$

式中　n_1 和 n_2——两媒质的折射率；

　　　　θ_1 和 θ_2——入射角和折射角。

若光波垂直入射时，即 $\theta_1 = \theta_2 = 0$，则有

$$R_{\mathrm{P}} = R_{\mathrm{S}} = \left(\frac{n_2 - n_1}{n_2 + n_1}\right)^2 \qquad (2-22)$$

可见媒质表面的反射率既与光波的入射角有关，又与光波的偏振态有关。若入射的激光为垂直于入射面的线偏振光，反射率 R 随入射角增大而增大，则吸收率 α 就随入射角增大而减小；若入射的激光为平行于入射面的线偏振光，反射率 R 随入射角增大而减少，则吸收率 α 就随入射角增大而增大，当达到布儒斯特角时，反射率 R 为零，吸收率 α 最大。这一特点可以应用于不加涂层直接用激光对材料进行表面处理。对于不同材料，由于折射率 n 不同，将有不同的布儒斯特角。

一般情况下，材料表面越粗糙，反射率越低，材料对光的吸收越大。而且在激光加工过程中，由于激光对材料的加热，存在表面氧化和污染，材料对光的吸收将进一步增大。

5. **材料的熔化和汽化**

激光照射引起的材料破坏过程是：由于靶材（被加工材料）在高功率激光照射下表面达到熔化和汽化温度，使材料汽化蒸发或熔融溅出；同时靶材内部的微裂纹与缺陷由于受到材料熔凝和其他场强变化而进一步扩展，从而导致周围材料的疲劳和破坏的动力学过程。激光功率密度过高，材料在表面汽化，不在深层熔化；激光功率密度过低，则能量会扩散到较大的体积内，使焦点处熔化的深度很小。

一般情况下，被加工材料的去除是以蒸汽和熔融状两种形式实现的。如果功率密度过高而且脉冲宽度很窄时，材料会局部过热，引起爆炸性的汽化，此时材料完全以汽化方式去除，几乎不会出现熔融状态。

非金属材料在激光照射下的破坏效应十分复杂，而且不同材料的非金属差别很大。一般地说，非金属的反射率很小，热导性也很差，因而进入非金属材料内部的激光能量就比金属多得多，热影响区却很小。因此，非金属受激光高功率照射的热动力学过程与金属十分不同。实际激光加工方式有脉冲和连续两种，它们要求的激光输出功率和脉冲特性也不尽相同。

6. **激光等离子体屏蔽现象**

自然界中的物质随温度升高有四种变化状态：固态、液态、气态和等离子

体。固态、液态和气态统称为凝聚态。等离子体是由大量的自由电子和离子组成的电离气体，自由电子和离子所带的正负电荷大体互相抵消，整体上呈现近似电中性。等离子体根据气体电离的程度，分为完全电离的高温等离子体和部分电离的等离子体。由激光照射产生的等离子体称为光致等离子体。等离子体可以与外界光波场产生强烈的相互作用。

　　如前所述，激光作用于靶表面，引发蒸气，蒸气继续吸收激光能量，使温度升高。最后在靶表面产生高温高密度的等离子体。这种等离子体向外迅速膨胀，在膨胀过程中等离子体继续吸收入射激光，无形之中等离子体阻止了激光到达靶面，切断了激光与靶的能量耦合。这种效应叫做等离子体屏蔽效应。等离子体屏蔽现象的研究室激光与材料相互作用过程研究的重要方面之一。

　　等离子体吸收大部分入射激光，不仅减弱了激光对靶面的热耦合，同时也减弱了激光对靶面的冲量耦合。当激光功率较小（小于 10^6 W/cm²）时，产生的等离子体稀疏，它依附于工件表面，对于激光束近似透明。当激光束功率密度为 $10^6 \sim 10^7$ W/cm² 时，等离子体明显增强，表现出对激光束的吸收、反射和折射作用。这种情况下等离子体向工件上方和周围的扩展较强，在工件上形成稳定的近似球形的云团。当功率密度进一步增大到 10^7 W/cm² 以上时，等离子子体强度和空间位置呈周期性变化，如图 2-20 所示。

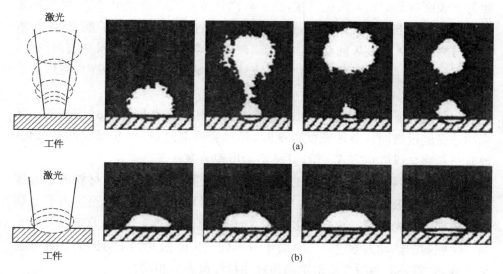

图 2-20　等离子云变化过程

(a) 高功率密度时的等离子屏蔽现象；(b) 低功率密度时的等离子屏蔽现象
（波长 $\lambda = 10.6\ \mu m$，TEM$_{00}$模，材料为钢）

凝聚态物质在强激光作用下,表面薄层吸收相当数量的激光能量,使表面层温度迅速上升,变为蒸气,靠近材料表面薄层的蒸气被部分电离。表面层的热量也向内部扩散形成热影响层,但热影响层对入射激光的吸收远小于表面层,致使表面层蒸气的温度继续迅速升高,形成等离子体。同时,蒸气等离子体按照黑体辐射规律向外辐射大量的紫外光,被加工材料对这种辐射的吸收比对激光(尤其是对红外光)的吸收率高,可由 10% 增至 30%~50%。若等离子体紧贴材料表面,实际上材料吸收的光能将增加,这对于激光焊接、冲击硬化、合金化等激光加工有利。

当激光功率密度在 10^6~10^7 W/cm^2,等离子体温度升高,对激光的吸收增大,高温等离子体迅速膨胀,沿着入射光的反方向传播,将材料屏蔽,入射激光不能进入材料,汽化过程停止。而沿着入射光的反方向传播的等离子体扩散到材料表面上方,温度和密度均不断降低,变成透明的,激光又可以进入材料表面,等离子体又产生,这种等离子体的产生和屏蔽呈现周期性,使激光加热材料表面过程周期进行。这种过程对于激光焊接是不利的,由于氦(He)的电离能较高,不易击穿,常采用氦气作为保护气体。

当激光功率密度高于 10^7 W/cm^2 时,激光作用区周围的气体可以被光学击穿,击穿的等离子体一般以超声波的形式沿着入射光的反方向传播,并将材料完全屏蔽,使强红外激光能量不能继续进入材料中。

当功率密度高到 10^9~10^{10} W/cm^2 时,由于温度相当高,等离子体的光学密度随辐射强度而增加,材料完全被电离时,电离程度不再增加,因此足够热的等离子体对激光辐射是透明的,激光能量有可以传输给加工材料。

在高功率焊接时,如果产生的等离子体尺寸超过某一特征值,或者脱离工件表面时,会出现激光被等离子体屏蔽的现象,以至中止激光焊接过程。等离子体对激光的屏蔽机制有三种:吸收、散射和折射。CO_2 激光在氩气保护下焊接铝材时,光致等离子的平均线性吸收系数为 0.1~0.4 cm^{-1}。CO_2 激光击穿 Ar 等离子体时对激光的最高吸收率为 40%。在 Ar 气氛下 CO_2 激光作用于 Al 靶,当激光功率为 5 kW 时,等离子体对激光的吸收率为 20.6%;当激光功率为 7 kW 时,吸收率为 31.5%。

等离子体对激光的散射是由蒸发原子的重聚形成的超细微粒所致的,超细微粒的尺寸与气体压力有关,其平均大小可达 80 nm,远小于入射光的波长。超细微粒引起的瑞利散射是等离子体对激光屏蔽的又一个原因。

光致等离子体空间分布的不均匀将导致折射率变化,从而使激光穿过等离子体出现散焦现象,使光斑扩大,功率密度降低,这就是等离子体屏蔽激光的第二个原因。用一台 10 W 的波导 CO_2 激光器水平穿过 2 kW 多模激光束进行焊接时诱导产生的等离子体,测量有等离子体和无等离子体时的探测激光束的功率密度分布,可以发现激光束穿过等离子体后,其峰值功率密度的位置偏离了原来的光轴。

当激光束入射到光致等离子体时,激光束与光致等离子体要发生相互作用。等离子体吸收激光能量致使其温度显著上升,当温度上升到相当程度时,等离子体中将出现热传导,此时等离子体的密度、温度和速度等参数将发生变化,电子和离子的平衡状态将被破坏。

等离子体吸收光能可以通过以下三种机理中的任一种将能量传给材料:

(1) 等离子体与材料表面的电子热传导;

(2) 被金属表面有效吸收的等离子体辐射的短波及光波;

(3) 受等离子体压力而被迫返回表面的蒸气的凝结。

当传递给材料的能量超过等离子体吸收造成的光损失时,等离子体增强耦合,加强了材料对激光能量的吸收;反之,等离子体起屏蔽作用,降低了材料对激光能量的吸收。

等离子体对激光的吸收与电子密度、蒸气密度、激光功率密度、激光作用时间、激光波长的平方成正比。例如,同一等离子体,对波长为 10.6 μm 的 CO_2 激光的吸收比对波长为 1.06 μm 的 YAG 激光的吸收高约两个数量级,比对波长为 249 nm 的准分子 KrF 激光的吸收高约三个数量级。因为吸收率不同,不同波长激光产生等离子体的功率密度也不同。例如,YAG 激光产生光致等离子体所需功率密度比 CO_2 激光高约两个数量级。因此,用波长相对短的 YAG 激光加工时,等离子体的影响较小,而用波长较长的 CO_2 激光时,等离子体的影响较大,因此在激光焊接过程中,采用 YAG 激光比 CO_2 激光不容易产生等离子体效应,而且应当控制激光的功率密度小于 10^7 W/cm^2 以降低等离子体的屏蔽作用。

等离子体与激光作用,还会出现一些非线性效应,如等离子体的折射率变化、等离子体表面二次谐波光发射等。

第三章

激光切割技术原理及特点

激光切割技术是激光技术在工业中的主要应用,是当前工业加工领域应用最多的激光加工方法。本章首先讨论激光切割分类及其与其他切割方法的比较,然后从激光切割机理及其主要特点、三维激光切割及其关键技术等方面阐述激光切割技术原理及特点,本章最后讨论激光切割设备,包括激光切割设备的组成、激光切割用激光器、激光切割用割炬和激光切割设备的技术参数等。

第一节 激光切割分类及其与 其他切割方法比较

一、 激光切割的概念

激光切割是利用聚焦的高功率密度激光束照射工件,在超过激光阈值的激光功率密度的前提下,激光束的能量以及活性气体辅助切割过程所附加的化学反应热能全部被材料吸收,由此引起激光作用点的温度急剧上升。达到沸点后材料开始汽化,并形成孔洞,随着光束与工件的相对运动,最终使材料形成切缝,切缝处的熔渣,被一定的辅助气体吹除。

前已述及,激光切割技术是激光技术在工业中的主要应用,它已成为当前工业加工领域应用最多的激光加工方法,有关激光切割技术的特点、发展概况等在第一章中详细描述过。

二、 激光切割的分类

激光切割大致可分为汽化切割、熔化切割、氧助熔化切割和控制断裂切割,其中以氧助熔化切割应用最广。根据切割材料可分为金属激光切割和非金属激光切割。

1. 汽化切割

当高功率密度的激光照射到工件表面时,材料在极短的时间内被加热到汽化点,部分材料化作蒸气逸去,形成割缝,其功率密度一般为 10^8 W/cm^2 量级,是熔化切割机制所需能量的 10 倍,这是大部分有机材料和陶瓷所采用的切割方式。汽化切割机理可具体描述如下:

(1) 激光束照射工件表面,光束能量部分被反射,剩余部分被材料吸收,反射率随着表面继续加热而下降。

(2) 工件表温升高到材料沸点温度的速度非常快,足以避免热传导造成的熔化。

(3) 蒸气从工件表面以近声速飞快逸出,其加速力在材料内部产生应力波,当功率密度大于 10^9 W/cm^2 时,应力波在材料内的反射会导致脆性材料碎裂,同时它也升高蒸发前沿压力,提高汽化温度。

(4) 蒸气随身带走熔化质点和冲刷碎屑,形成孔洞,汽化过程中,60%的材料以熔滴形式被去除。

(5) 当功率密度大于 10^8 W/cm^2 时,形成类似于点载荷的应力场,应力波在材料内部反射。

(6) 如发生过热,来自孔洞的热蒸气由于高的电子密度会反射和吸收入射激光束。这里存在一个最佳功率密度,对不锈钢,其值为 5×10^8 W/cm^2,超过此值,蒸气吸收阻挡了增加的功率,吸收波开始从工件表面朝光束方向移开。

(7) 对某些光束局部可透的材料,热量在内部吸收,蒸发前沿发生内沸腾,以表面下爆炸形式去除材料。

2. 熔化切割

利用一定功率密度的激光加热熔化工件,同时借与光束同轴的非氧化性辅助气流把孔洞周围的熔融材料吹除、带走,形成割缝。其所需功率密度约为汽化切割的 1/10。熔化切割的机理可概括如下:

(1) 激光束射到工件表面,除反射损失外,剩下能量被吸收,加热材料并蒸发出小孔。

(2) 小孔形成后,作为黑体吸收所有光束能量,被熔化金属壁所包围,依靠蒸气流高速流动,使熔壁保持相对稳定。

(3) 熔化等温线贯穿工件,依靠辅助气流喷射压力将熔化材料吹走。

(4) 随着工件移动,小孔横移并留下一条切缝,激光束继续沿着这条缝的前沿照射,熔化材料持续或脉动地从缝内被吹掉。

对薄板材料,切割速度过慢会使大部分激光束直接通过切口白白损失能量,速度提高使更多光束照射材料,增加与材料的耦合功率,获得保证切割质量的较宽参数调节区。对厚板材料,由于激光蒸发作用或熔化产物移去速度不够快,光束在割缝内材料切面上多次反射,只要熔化产物能在它被冷气流凝固前除去,切割过程将继续进行。

所有激光切割口边缘都呈条纹状,其原因是:切割过程开始于导致氧燃烧的某功率值,而在较低的功率水平停止;切割断面陡立,以致在它上面的功率密度不能持续地维持熔化过程,而在切割面形成台阶,使切割面在切割过程中间歇地前进;切割产生的吸收或反射等离子或烟雾可引起间歇效应。

3. 氧助熔化切割

利用激光将工件加热至其燃点,利用氧或其他活性气体使材料燃烧,由于热基质的点燃,除激光能量外的另一热源同时产生,同时作为切割热源。氧助熔化切割其机制较为复杂,简要分析如下:

(1)在激光照射下,材料表面加热到达燃点温度。随之与氧气接触,发生激烈燃烧反应,放出大量热量。在此热量作用下,材料内部形成充满蒸气的小孔。小孔周围被熔融金属壁所包围。

(2)蒸气流运动使周围熔融金属壁向前移动,并发生热量和物质转移。

(3)氧和金属的燃烧速度受控于燃烧物质转移成熔渣,和氧气扩散通过熔渣到达点火前沿的速度。氧气流速越高,燃烧化学反应和材料去除速度也越快。同时,也导致切缝出口处反应产物——氧化物的快速冷却。

(4)最后达到燃点温度的区域,氧气流作为冷却剂,缩小热影响区。

(5)显然,氧助切割存在着两个热源:激光照射能和氧—金属放热反应能。粗略估计,切割钢时,氧放热反应提供的能量要占全部切割能量的60%左右。很明显,与惰性气体比较,使用氧作为辅助气体可获得较高的切割速度。

(6)在有两个热源的氧助切割过程中,存在着两个切割区域:一个区域是氧燃烧速度高于光束行进速度,这时割缝宽且粗糙;另一个区域是激光束行进速度比氧燃烧速度快,所得切缝狭窄而光滑。这两个区域间的转折是个突变。

4. 控制断裂切割

通过激光束加热,易受热破坏的脆性材料高速、可控地切断,称为控制断裂切割。其切割机理可概括为:激光束加热脆性材料小块区域,引起温度梯度剧变和随之而来的严重热变形,使材料形成裂缝。控制断裂切割速度快,只需很小的激光功率,功率太高会造成工件表面熔化,并破坏切缝边缘。控制断裂切割主要可控参数是激光功率和光斑尺寸。

三、　激光切割与其他切割方法性能比较

在机械制造领域切割加工是必不可少的工序,而且由于不同材料及不同零件要求,产生了不同的切割方法。切割的分类方法很多,按所使用的能源可分为如图 3 - 1[13] 所示的形式。其中有些切割方法兼用两种能源,如用氧作辅助气体激光切割金属时,既利用光能,也利用氧化反应热。

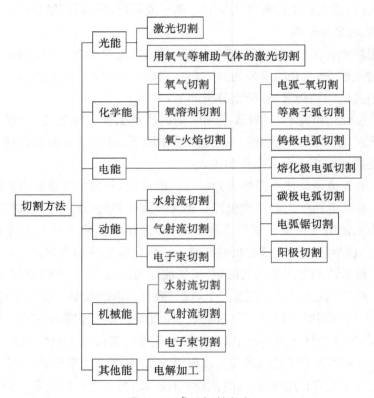

图 3 - 1　常用切割方法

利用化学反应能、电能和光能的切割法在切割时都伴有热过程,一般都称为热切割法。现代工业上应用的热切割法主要是氧气切割、等离子弧切割和激光切割,这三种热切割法在切割板厚为 12 mm、直径为 100 mm 孔的低碳钢材料时材料的受热量实验数据见表 3 - 1[35]。

表3-1　三种热切割法的材料受热量比较

切割方法	切割条件	温度上升平均值（℃）	测定的吸热量（kJ）	单位吸热量（J/mm²）
氧气切割	一号喷嘴，气体流量3.4 L/min，切割速度420 mm/min	183.0	85.3	22.53
等离子弧切割	切割电流150 A，切割速度2 150 mm/min	75.0	28.2	7.33
激光切割	连续激光，功率3 000 kW，切割速度900 mm/min	56.8	15.3	4.09

由表3-1可见，氧气切割时材料的受热量最多，而激光切割时最少。通常，材料所吸收的热越多，热影响区的宽度就越大，这就意味着切割导致材料的变形也越大。

表3-2所示为三种热切割法切割碳素钢时热影响区宽度的实验数据及对比资料。由表可见，氧气切割的热影响区宽度约为激光切割的10～12倍。另外，随着板厚的增大，热影响区也扩大。在现代工业的加工生产中，为了获得小的零件变形，就要设法减小热影响区的宽度。分析比较可以发现，激光切割法目前主要适用于中、薄板的高精度、高速度切割的场合。

表3-2　三种热切割法热影响区宽度

切割方法	热影响区宽度(mm)		
	板厚10 mm	板厚6 mm	板厚3 mm
氧气切割	0.8	0.6	0.5
等离子弧切割	0.5	0.4	0.3
激光切割	0.075	0.06	0.05

第二节　激光切割机理

激光切割是激光加工技术在工业上广泛应用的一个方面，其加工过程既符合激光与材料的作用原理，又具有自己的特点。

一、　　激光切割时切口的形成

激光切割是利用经聚焦的高功率密度激光束照射工件,使被照射处的材料迅速熔化、汽化、烧蚀或达到燃点,同时借与光束同轴的高速气流吹除熔融物质,从而实现割开工件的一种热切割方法。其切割过程示意图如图 3 - 2 所示,切割过程发生在切口的终端处一个垂直的表面,称之为烧蚀前沿。激光和气流在该处进入切口,激光能量一部分被烧蚀前沿吸收,另一部分通过切口或经烧蚀前沿向切口空间反射。

用 O_2 作辅助气体(也称工艺气体)激光切割碳钢时,借助高速摄影观察切割过程表明,当切口前沿的上表面受激光照射达到铁-氧反应温度时,氧化反应即从其中的一点开始,并迅速向周围扩展,形成一个类似球瓣状的反应区,如图 3 - 2 中标有碎点的部分,在球瓣的下端处存在一缩颈部。此缩颈部下,氧化反应以速度 v_n 继续往下进行。激光切割区原理如图 3 - 3 所示[55]。

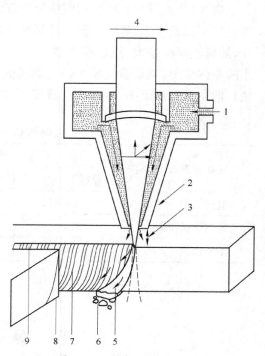

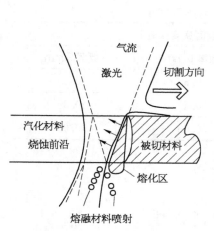

图 3-2　激光切割区示意图

图 3-3　激光切割区原理图

1—工艺气体;2—切割喷嘴;3—喷嘴偏移;4—切割速率;
5—熔融材料;6—浮渣;7—切割面粗糙;8—热影响区域;
9—切缝宽度

随着熔渣被辅助气体排除和激光束向前行进，就扩展成图3-4a右图所示形状。上述过程不断重复，就形成切口并将工件割开。图3-4b、图3-4c所示为不同切割速度时切口前沿反应区的一些同反应有关参数的测定值。在正常切割情况下，切口宽度取决于聚焦以后的光斑直径。而工件上表面处的切口宽度相当于功率密度约为15 kW/cm² 以上的光束分布区的尺寸。可见，用聚焦后能量高度集中的激光束可以获得较窄的切口宽度[3]。

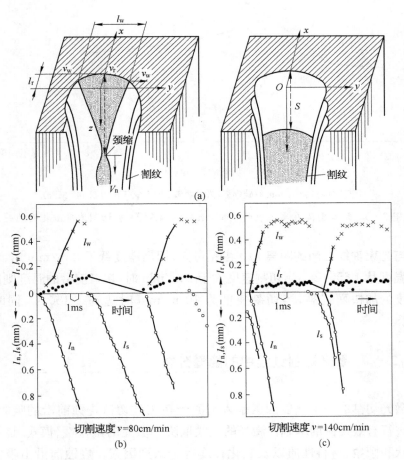

图3-4　激光切割碳钢时的切口形成机理示意图

研究表明，用O_2作辅助气体，用CO_2激光对碳钢进行切割时，切口前沿的温度T_F和激光束至切口前沿的距离r_F同切割速度有密切关系。图3-5所示为不同切割速度时切口前沿在离上表面0.4 mm处测得的温度T_F值以及切口

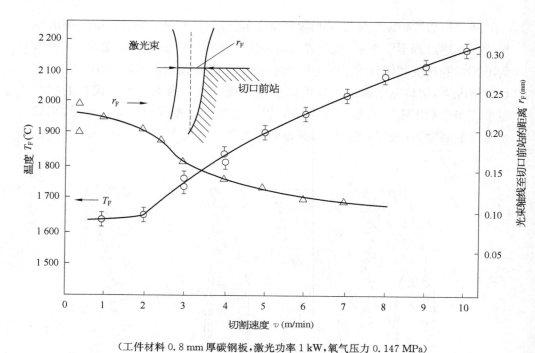

（工件材料 0.8 mm 厚碳钢板，激光功率 1 kW，氧气压力 0.147 MPa）

图 3-5　切口前沿在离上表面 0.4 mm 处的温度 T_F 和切割速度 v 之间的关系

前沿与光束轴线之间的距离 r_F。由图可知，切割速度低于 2 m/min 时，切口前沿的温度是 1 650 ℃。当切割速度大于 2 m/min 时，切口前沿的温度则随着切割速度的加快而提高，当切割速度为 10 m/min 时达到 2 150 ℃，同时值 r_F 减小。

二、　激光切割过程中的能量分析

　　激光切割的一个重要因素是入射激光在工件切口烧蚀前沿的吸收，它是激光进行有效切割的基础。激光的吸收取决于激光的偏振性、模式、烧蚀前沿的形状和倾角、材料性质以及氧化程度等一系列因素。烧蚀前沿由吸收的激光和切割过程的放热反应所产生的热量加热而熔化或汽化，并被气流吹除。部分热量则通过热传导传入基体材料，通过辐射以及对流换热而损耗。

　　在激光切割的加热阶段，钢板在激光照射下，其表面被加热到达燃点温度（970 ℃）。在此阶段，输入能量只有激光束的照射能量，其能量被钢板吸收而使其温度升高。

在燃烧反应开始后,激光与 Fe－O 反应的燃烧热作为输入能量,共同作用于工件上,会发生热量的累积效果。假设没有蒸发潜热,则热平衡方程式为[3]:

$$P_{\text{las}} + Q_{\text{oxid}} = H_{\text{t}} + Q_{\text{cond}} \tag{3-1}$$

式中　P_{las}——工件吸收的激光功率;

　　　Q_{oxid}——单位时间切缝金属燃烧放出的热量;

　　　H_{t}——单位时间工件的焓变;

　　　Q_{cond}——单位时间热传导热量损失。

能量从切割区损失的方式有传导、对流和辐射。根据 Lim 研究报道可知,激光切割中最主要的热损失是由于热传导,而热辐射以及对流导致的散热非常小,以至于可以忽略不计。该结论也被 Powell、Vicanek 和 Simon 证实。

切割过程的能量平衡方程中,工件吸收的激光功率 P_{las} 由式(3-2)得到:

$$P_{\text{las}} = AP_{\text{out}} \tag{3-2}$$

式中　A——工件对激光的吸收率;

　　　P_{out}——激光器输出功率。

材料对激光的吸收率受到波长、温度、表面粗糙度、表面涂层等多因素影响。经过试验验证,波长愈短,吸收率越高。材料对激光的吸收率随温度而变化的趋势是随温度升高而吸收率增大,金属材料在室温时的吸收率均很小,当温度升高到接近熔点时,其吸收率可达 40%～50%;如温度接近沸点,其吸收率高达 90%。并且,激光功率越大,金属的吸收率越高。增大表面粗糙度和利用涂层材料也都可以提高吸收率。

而单位时间切缝金属燃烧放出的能量由 Fe－O 燃烧反应决定,因此必须分析此过程中所发生的物理化学变化。在 Fe－O 燃烧过程中。铁与氧气的反应有三种方式[51]:

$$\left. \begin{array}{l} 2\text{Fe} + \text{O}_2 \rightarrow 2\text{FeO} + 267 \text{ kJ} \\ 3\text{Fe} + 2\text{O}_2 \rightarrow \text{Fe}_3\text{O}_4 + 1\,120.5 \text{ kJ} \\ 4\text{Fe} + 3\text{O}_2 \rightarrow 2\text{Fe}_2\text{O}_3 + 823.4 \text{ kJ} \end{array} \right\} \tag{3-3}$$

这些反应都是放热反应,根据上述反应式计算可得到单位质量 Fe 生成氧化物时所放出的热量。在氧气助熔化激光切割过程中究竟会发生哪种氧化反应,可以通过熔渣成分的分析来确定。应在紧靠工件的底面收集熔渣,否则熔渣中的熔融 Fe 可能会在空气中被不断地氧化成为 FeO,而影响对熔渣成分的分析。

从图 3-6 可以看出燃烧反应主要以生成 FeO 为主,在切割速度低于 0.5 m/min 时,由于割缝部位氧气供应充足,燃烧反应占了主要成分,几乎所有的 Fe 都参与了燃烧反应生成 FeO,还有一小部分生成了 Fe_3O_4。随着切割速度的加快熔渣中 Fe 的成分在不断增加。这说明,在切割速度较高时,利用激光束能量熔化工件的比重增加,而 F-O 燃烧反应的比重降低。当低速切割时,FeO 占多数,此时以 Fe-O 的燃烧反应为主;由于切割速度跟不上燃烧反应的速度,过剩的反应热就使切口发生过度熔化,形成较宽的、不整齐的切口,切口的表面粗糙度大,热影响区也将扩大,钢板底面还会产生挂渣,从而使切割质量下降。

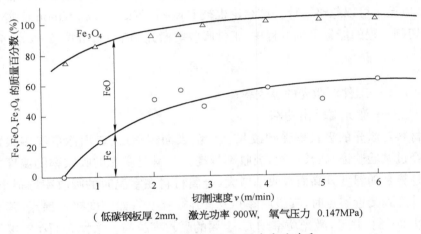

（低碳钢板厚 2mm，　激光功率 900W，　氧气压力　0.147MPa）

图 3-6　熔渣组成与切割速度的关系

因此单位时间切缝金属燃烧放出的热量 Q_{oxid} 可由式(3-4)得到:

$$Q_{oxid} = \mu M_{FeO} \Delta Q / m_t \qquad (3-4)$$

式中　ΔQ——Fe 的燃烧热(kJ/mol);

　　　　M_{FeO}——FeO 的摩尔质量(g/mol);

　　　　μ——熔渣中的燃烧过铁占的比例,一般为 40%～60%;

　　　　m_t——单位时间燃烧的切缝金属质量(g), $m_t = \rho_m b_h \delta_v$;

　　　　ρ_m——切缝金属的密度(g/mm³);

　　　　b_h——切缝宽度(mm);

　　　　δ——被加工钢板的板厚(mm);

　　　　υ——激光光束的移动速度(mm/s)。

单位时间内的焓变可由式(3-5)得到：

$$H_t = m_t(c\Delta T + h_m) \tag{3-5}$$

式中　H_t——单位时间工件的焓变(kJ/mol)；

　　　m_t——单位时间燃烧的切缝金属质量(g)；

　　　c——比热容[J/(g·℃)]；

　　　ΔT——温升(℃)，$\Delta T = T_m - T_0$；

　　　T_m——工件熔点温度(℃)；

　　　T_0——环境温度(℃)；

　　　h_m——熔化相变的比焓(kJ)。

可见焓变由两部分组成：切缝金属加热到熔点的热量；切缝金属熔化的热量。

m_t是切割速度及切缝宽度的函数，故 Q_{oxid} 也是切割速度及切缝宽度的函数。由前面的讨论可知，H_t 亦为速度的函数，故通过求解热平衡方程，可获得切割速度的值。

三、 激光切割过程温度场的数学模型

为了建立数学模型，将钢板的激光切割过程分为两个阶段：激光打孔和激光切割。加工开始时，激光以集中固定点热源的方式照射在钢板的起割点处，钢板吸收激光的能量并转换为热能，由于输入能量大于输出能量，起割点处的温度不断上升，并向周围传热。此时，只有激光的能量作为输入能量，可被看作点热源加热钢板。当温度达到钢材的燃点 970 ℃后，在辅助气体氧气的参与下，Fe-O 的燃烧反应开始从其中一点处开始，并逐步向周围扩展，由于受到带有一定压力氧气的向下冲击力的作用以及燃烧反应所产生的熔渣的重力作用，燃烧反应不断向金属下层传播。当燃烧反应将钢板烧穿后，反应物 Fe_3O_4 和 FeO 以及熔融的 Fe 所构成的熔渣被辅助气体从烧透的小孔中吹出，至此切割过程的第一阶段激光打孔结束。从燃烧开始，激光和 FeO 反应的燃烧热作为输入能量可被看作点热源对钢板的作用。

当钢板在激光和燃烧反应的共同作用下被烧穿后，激光光源开始以一定的切割速度向前移动。在切割前沿处，由于氧气喷嘴随激光同时移动，燃烧反应所需的氧气很充足，又有激光束作为输入能量在烧穿的小孔内壁不断被反射吸收，加上前一阶段打孔时热传导的预热效果，使得 Fe-O 燃烧反应可以迅

速地连续进行。随着切割前沿金属的不断燃烧、熔化和排除,就在钢板上形成了割缝,这一阶段就是激光的切割阶段。在切割过程中,由于切割前沿的割缝处燃烧反应一直进行,在整个板厚上不断地有熔渣产生,激光和 Fe-O 反应的燃烧热可被作为线热源处理。

根据热传导微分方程,再代入具体条件,就可以推导出点热源、线热源和面热源的瞬时传热计算公式[3]。

可以考虑在瞬时把点热源的热能 Q 作用在厚大钢板的某点上,假定钢板的初始温度均匀为 $0\ ℃$,边界条件不考虑表面散热问题,则在距热源 R 的某点经 t 时间后,所形成的温度场是以 R 为半径的等温半球面。其相应的传热计算公式为:

$$T = \frac{2Q}{c\rho(4\pi at)^{3/2}}\exp\left(-\frac{R^2}{4at}\right) \tag{3-6}$$

式中　Q——热源在瞬时给钢板的热能;

$\quad\ \ R$——距热源的坐标距离, $R = (x^2 + y^2 + z^2)^{1/2}$;

$\quad\ \ t$——传热时间;

$\quad\ \ c$——被加工材质的比热容;

$\quad\ \ \rho$——被加工材料的密度;

$\quad\ \ a$——被加工材料的热扩散率。

在厚度为 h 的无限大薄板上,当热源沿板厚方向热能均匀分布作用于钢板上某处时,就相当于线热源。假设钢板的初始温度为 $0\ ℃$,不考虑钢板与周围介质的换热问题,则距热源为 r 的某点,经 t 时间后,由于没有 z 向传热,所形成的温度场是以 r 为半径的平面圆环。其传热计算公式为:

$$T = \frac{Q}{4\pi\lambda ht}\exp\left(-\frac{r^2}{4at}\right) \tag{3-7}$$

式中　r——温度场的半径, $r = (x^2 + y^2)^{1/2}$。

在瞬时之内把热能 Q 作用在断面为 F 的工件上,即相当于面状热源传热。同样也假设工件的初始温度为 $0\ ℃$,边界条件不考虑散热,则距热源中心为 x 的某点,经 t 时间后该点的温度可用式(3-8)运算求得。

$$T = \frac{Q}{c\rho F(4\pi at)^{1/2}}\exp\left(-\frac{x^2}{4at}\right) \tag{3-8}$$

以上是根据最简单的情况,利用数学分析法求解出不同情况下瞬时集中点热源、线热源和面热源作用后,经 t 时间后某点的温度计算公式。这些公式能够定性地反映传热的实际情况。但是，由于这些计算公式的原始假设条件的局限性，故不能完全定量地确定温度，只能作为定性估算。

根据前面的分析，在激光切割加工的第一阶段打孔过程中，激光以 Fe-O 燃烧热作为热源，应属于点状连续固定热源。此时可以认为热源在 t 时间内是无数个瞬时热源作用的总和，其作用结果应等于各个瞬时热源独立作用时使计算点温度变化的累积。则在瞬时热能为 $dQ(dQ = qdt')$ 的热源连续作用 Δt 时间（$\Delta t = t - t'$），距热源为 R 的某点将产生 dT 的温度变化，再把无数个瞬时热源的作用积分，即可求出连续固定点热源作用 Δt 时间后该点的温度。

$$T(R,\ t) = \int_0^t \frac{2qdt'}{c\rho[4\pi a(t-t')]^{3/2}}\exp\left[-\frac{R^2}{4a(t-t')}\right] \tag{3-9}$$

对上式积分运算后，可得：

$$T(R,\ t) = \frac{q}{2\pi\lambda R}\left[1 - \phi\left(\frac{R}{\sqrt{4at}}\right)\right] \tag{3-10}$$

式中　$\phi\left(\dfrac{R}{\sqrt{4at}}\right)$——积分函数，可通过查表得到。

根据前面的分析，在激光切割的第二阶段切割过程中，激光以 Fe-O 燃烧热作为热源应属于线状连续快速移动热源。当激光以一定功率照射钢板时，开始一段时间内，温度场中的各点随时间的变化而变化，属于不稳定温度场；在钢板板厚方向基本烧穿后，温度场就逐渐达到了饱和状态，形成了暂时稳定温度场，又称为准稳定温度场。此时钢板上割缝周围的温度场虽然会随时间而变化，但随着激光束的移动，可发现这个温度场与热源以同样的速度跟随移动。如果采用移动坐标系，坐标的原点与热源的中心相重合，则钢板上各点的温度值取决于系统的空间坐标，而与时间无关。

由于热源的移动速度通常都大于 2 m/min，而且激光切割的热影响区很小，因此可以认为在热源产生的准稳态温度场范围内，瞬间热源就由一端移到了另一端，如同一个细长的热源瞬时作用在工件上；又因为热源移动得很快，可以认为在热源移动的轴线上不存在温度梯度，只在该轴线的垂直方向上有热的传播过程。

为了便于分析，现将图 3-7 所示的薄板上截取 $ABCD$ 与 $abcd$ 之间的截片之后，就如同一个面状瞬时热源作用在方形的细棒上。x_0 即为热源移动的轴线方向，其中热源有效功率为 q，速度为 v，薄板厚度为 h。则工件上某点经 t 时间后的温度计算公式可利用面状瞬时热源的传热公式得到：

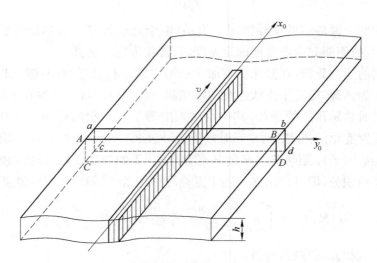

图 3-7　移动线热源作用在薄板上的传热模型

$$T(y_0,\ t) = \frac{q}{vh\,(4\pi\lambda c\rho t)^{1/2}}\exp\left[-\left(\frac{y_0^2}{4at}\right)\right] \tag{3-11}$$

式中　　y_0——工作上某点到热源运行轴线的垂直距离。

　　根据上面对激光切割过程的理论分析和建立的数学模型,就可以利用计算机的计算能力,模拟出激光切割过程中工件在 t 时刻某点温度、颜色、状态等的变化。

　　可以看出影响激光切割的参数很多,其中一些内部因素 k、ρ、C、λ 等在加工过程中变化比较小,可作为常数处理。面外部因素 P_{out}、v、h 等在加工过程中经常会发生变化进而影响激光切割的加工效果。

第三节　激光切割的主要特点

　　自 20 世纪 70 年代初,激光切割技术投入生产应用以来,发展速度非常快,技术日趋完善。目前工业发达国家对这一技术的运用较为广泛。从现今人们所掌握的各种切割技术来看,激光切割技术无疑是最好的切割方法,利用激光切割技术替代火焰和等离子切割,将成为今后切割技术发展的趋势。激光切割的广泛应用得益于良好的切割特性。

　　与常规切割方法相比,激光切割过程中只须定位而不需夹紧,无"刀具"磨损,无"切削力"作用于工件上,加工速度快,可切割不穿透的盲槽,噪声低,无公害,能使板材的切割效率提高 8～20 倍,能实现极小缝宽的切割。与电子束加工相比,激光加工还不受电磁干扰,可以在大气中进行。表 3-3 给出了激光切割与其他几种切割方法的特性对比[14]。

表 3-3　几种切割方法的特性比较

项　目	切　割　方　法			
	激光	火焰	等离子体	高压水
切缝宽	窄	宽	较宽	较宽
热影响区	小	大	大	极小
切割速度(6 mm 板)	快	慢	极快	极慢
切缝表面粗糙度	极好	差	较差	好
切割锐角质量	较好	差	差	极好
三维切割	可以	可以	可以	不能
适用材料范围	广	窄	较窄	广
设备投资	高	小	较小	高

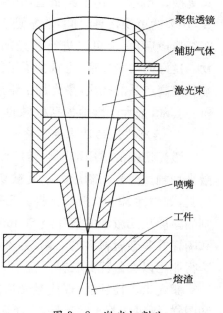

激光切割头的示意图如图 3-8 所示。聚焦透镜将激光聚焦至一个很小的光斑,光斑的直径一般为 0.1～0.5 mm。焦斑位于待加工表面附近,用以熔化或汽化被切材料。与此同时,与光束同轴的气流由切割头喷出,将熔化或汽化了的材料由切口的底部吹出。随着激光切割头与被切材料的相对运动,生成切口。如果吹出的气体和被切材料产生放热反应,则此反应将提供切割所需的附加能源。气流还有冷却已切割表面、减少热影响区和保证聚焦透镜不受污染的作用。

对不同的材料,切割的方法很多。大部分切割法在切割时都伴随有热过

聚焦透镜

辅助气体

激光束

喷嘴

工件

熔渣

图 3-8　激光切割头

程,被称为热切割法。热切割法主要有三种:氧气切割、等离子弧切割和激光切割法。将三种方法比较,就可看出激光切割技术具有以下主要特点[6, 11]:

1. 切割质量好

激光切割是一种高能量密度的热加工方式,其功率密度可达 $10^6 \sim 10^7$ W/cm^2,经聚焦的光斑直径一般为 $0.1 \sim 0.5$ mm。当光束照射到工件时,激光光能转换成惊人的热能并保持在极小的区域内,输入到照射区的热量远远超过被材料反射、传导或扩散的部分。激光切割的割缝窄(一般为 $0.1 \sim 0.5$ mm),切口平行度好,无毛刺,割缝粗糙度小(R_a 一般为 $12.5 \sim 25$ μm),尺寸精度高(中心孔距误差为 $0.1 \sim 0.4$ mm,轮廓尺寸为 $0.1 \sim 0.5$ mm),重复性好,热影响区小(约为 $0.08 \sim 0.1$ mm),几乎无热应力变形。同时,激光切割是一种无接触加工,切割过程无切削力施加于工件,工件也无需夹紧,因而工件无机械应力及表面损伤。

2. 切割效率高、节省材料

激光切割区割缝窄,割除区域材料的热容量小,同时激光能量密度和能量利用率高,因此其加工速度快,为机械方法的 20 倍左右。在厚 20 mm 以下的钢板切割中,激光的切割能力最强,特别适合于中、薄板的高精度、高速度的切割。激光切割省去了工件夹紧、划线、去油等准备工序;无刀具切割,不存在刀具更换;不需要任何模具制造,节省开模费用,既没有模具消耗,也无需修理模具,还节约更换模具时间,非常适合新产品的开发,缩短研发周期。一旦产品图纸形成后,马上可以进行激光加工,可以在最短的时间内得到新产品的实物。良好的切割质量,也减少了工件后续加工量,大幅度地降低企业的生产成本和提高产品的档次,激光加工采用电脑编程,可以把不同形状的产品进行材料的套裁,最大限度地提高材料的利用率。

3. 具有广泛的适应性和灵活性

激光切割的适用范围非常广泛,大多数的有机材料与无机材料都可以用激光切割。激光切割能力不受被切材料的硬度影响,任何硬度的材料都可以切割,如脆性、极软、极硬材料。几乎所有的金属材料都可以用激光切割,可切割的厚度从几微米的箔片至 50 mm 的板材。也可用于塑料、本材、布匹、石墨和陶瓷等非金属材料的切割,如木材加工业已用激光切割胶合板、刨花板,服装行业用以大量裁剪衣料等。

激光束可控性强,现代激光切割系统能方便地切割各种形状复杂的零件和图样,既可切割平面工件,又能切割立体工件。激光切割可以从任何一点开始(先穿孔),切口可向任何方向行进,不受切割工件的限制,激光束具有无限的仿形切割能力。激光束易与数控系统和计算机控制系统相结合,实现切割过程自动化。激光切割机还可多工位操作,一机多用。

4. 环境友好型加工

激光切割噪声低、振动小,对环境基本无污染,社会效益好。

第四节　三维激光切割及其关键技术

本节主要讨论三维激光切割的特点及其关键技术,有关三维激光切割的应用与实践将在第六章作专门讨论。

一、　三维激光切割简介

1. 三维激光切割的光学系统[36]

三维表面的切割一般需要五轴。作为一种非接触的光加工,激光切割质量受到诸多因素影响,就设备硬件操作而言,主要包括光束传输、喷嘴类型、辅助气体种类和压力、光束聚焦、光束偏移和进给速度等。

对于 YAG 激光,可采用柔性的光纤传输,易于实现远距离传输,加工头由机器手夹持,由机器手的运动完成三维空间轨迹的运动,而 CO_2 激光传输只能靠镜片。激光从激光器的输出窗口经过导光系统,被引导到三维加工工件表面,并在被加工部位获得所需的光斑形状、功率密度和入射方向,光斑按一定的轨迹相对工件表面运动,形成空间的三维加工轨迹。光斑相对工件表面有两种实现方式:工件运动式和光斑运动式。工件运动式只能用于小型平面工件或规则工件(如轴、管)的激光加工。否则,由于运动惯性大,无法进行高速加工,另外,机床也无法带动工件形成空间复杂的三维轨迹。光束运动方式是通过移动导光系统中的光学元件来实现光斑相对工件表面的运动,这种方式显著的优点是激光加工头的重量轻,易于控制,因而三维激光加工系统中均采用这种方式。

对于 CO_2 激光,一般均采用飞行光学导光系统。如图 3-9 所示为五轴飞行光学导光系统。该系统通过沿 x、y、z 三个方向移动光路中的反射镜来改变焦点的空间位置,同时通过旋转 b、c 轴上的反射镜来改变激光的射出方向,以满足激光束与空间三维工件表面垂直角度的要求。

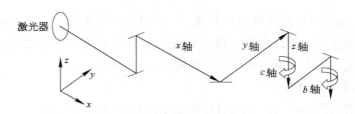

图 3－9　五轴飞行光学导光系统示意图

对于工件运动式,当光斑相对工件表面运动时,光程始终保持不变。而对于飞行光学导光系统,当进行实际加工时,反射镜不断平移运动,结果从激光器发出的激光经过反射,最后经聚焦镜聚焦到工件上的距离不断变化,这将导致在不同的加工位置焦点位置发生偏移,焦斑大小及焦斑横截面能量分布发生变化。如果这些变化超过了允许范围,在整个加工范围内加工质量的稳定性将受到影响。因此在这类激光加工系统中,必须配有相应的补偿装置。对光束质量较好的激光器,经过传输和聚焦后,焦点偏移和焦斑大小变化小,加工质量稳定性容易保证。

2. 数控系统与编程方法

进行激光三维加工离不开计算机程序,与二维平面激光加工程序的手工编程和自动编程不同,编制三维激光加工程序几乎无法用手工完成,国际上通常采用在线示教编程方式。示教编程就是把待加工的工件,预先摆放在加工工位上,用户操纵示教控制板,把激光加工头移动到工件待加工的位置上,调整好激光加工头相对于工件表面的位置和取向,使激光束始终垂直于被加工工件表面,然后记录下激光头在该处的数据,这样沿着加工轨迹记录下轨迹线上各点处激光头的数据,取的点越多,加工出来的轨迹越接近理想的加工轨迹线。实际加工时,激光头经过这些离散的点,相邻示教点之间的加工轨迹由系统按给定的插补方式自动计算出来,形成逼近的连续加工轨迹。这种手工示教编程劳动强度大、工作效率低。因此,采用离线自动编程是三维激光加工发展的必然趋势。离线自动编程是在计算机上进行的,借助计算机 CAD 系统生成工件模型,从中生成激光加工的空间轨迹数据,在计算机上进行模拟加工,最后将模拟无误的加工程序直接送入激光加工机中进行实际加工。

二、　三维激光切割的特点

与传统的板材切割方法相比,激光切割具有自己独特的优势,主要表现在[19]:

（1）切割精度高，质量好，口宽度小，热影响区小，切口光洁；

（2）切割速度快，加工效率高；

（3）激光加工是一种非接触式加工，没有机械加工力，不变形，也不存在噪声、油污、加工屑等污染问题，是一种绿色加工；

（4）材料适应性高，几乎可以切割任何金属和非金属材料。

三维激光切割比二维激光切割有着更高的柔性，更智能化，对于复杂的三维零件，从理论上讲，只要厚度合适，都可以采用激光切割。

三维激光切割最大的特点就是柔性高，尤其适合小批量的三维钣金材料的切割。其高柔性主要表现在两个方面：

（1）对材料的适应性强，激光切割机通过数控程序基本上可以切割任意板材。

（2）加工路径由程序控制，如果加工对象发生变化，只需修改程序即可。这一点在零件修边、切孔时体现得尤为明显，因为修边模、冲孔模对于其他不同零件的加工无能为力，而且模具的成本高，所以目前三维激光切割有取代修边模、冲孔模的趋势。

一般来说三维机械加工的夹具设计及其使用比较复杂，但激光加工时对被加工板材不施加机械加工力，这使得夹具制作变得很简单。此外，一台激光设备如果配套不同的硬件和软件，就可以实现多种功能。总之，在实际生产中，三维激光切割在提高产品质量和生产效率，缩短产品开发周期，降低劳动强度，节省原材料等方面优势明显。因此，尽管设备成本高，一次性投资大，国内还是有很多汽车、飞机生产厂家购进了三维激光加工机，部分高校也购进了相应设备进行科研，三维激光技术势必在我国制造业中发挥着越来越大的作用。

三、　三维激光切割关键技术[16]

1. 高精度长行程的六轴机械系统设计与制造技术

三维数控激光切割机共有 $x/y/z/c$ 四个直线运动轴和 a/b 两个旋转运动轴，$x/y/z/c$ 直线运动轴行程和 a/b 旋转运动轴旋转范围要求大，为复杂的六轴精密机械系统，其设计与制造难度大。需要采用经验设计、有限元计算与试验验证相结合的方法，充分借助基于计算机仿真的机床结构优化设计技术，对三维数控激光切割机关键部件与整体进行有限元分析，通过机械结构优化，改进机床的动态特性，确保高速切割过程中的机床稳定性。

2. 长距离多关节回转光路设计

由于三维数控激光切割机加工范围都比较大,这使得激光导光光路长,激光在长光路传输过程中会出现一定的能量衰减。此外,三维激光切割机带有旋转范围大的 a/b 旋转运动轴,使得导光系统不仅需要通过反射镜位置变化,还需要通过反射镜的角度变化来实现激光传递。为避免激光切割过程中引起激光器的振动,确保激光光束质量,三维数控激光切割机一般采用激光器与机床分离的结构。

3. 三维激光加工头研制

三维激光加工头(图 3-10)是三维数控激光切割机的关键部件,包括了实现 a/b 轴的旋转运动机构和 c 轴的焦点自动跟踪直线运动、辅助气体喷嘴、激光聚焦装置、碰撞保护装置、水气电接口与密封。三维激光加工头的运动精度与定位精度直接影响到激光的最后加工精度,而且辅助气体喷嘴与激光聚焦装置的安装精度影响到激光切割质量,还需防止长时间激光加工导致激光加工头的温度升高而影响其工作特性等技术难题。

图 3-10 三维激光加工头

4. 五轴联动数控系统开发

三维激光切割机的数控系统需要具备五轴联动功能。由于激光切割轨迹为空间曲线,在进行数控编程时一般采用大量的微小线段通过首尾相连接的方式进行拟合,这就要求在高速加工的过程中,数控系统具备前瞻(look-ahead)功能,通过线段间衔接速度的平滑过渡,防止切割过程中反复出现升降速而无法达到规定的切割速度要求,避免出现过烧现象。目前三维激光切割机数控系统可选范围小,而且难以进行面向激光切割工艺的二次开发。

　　5. 金属薄板类零件的激光切割加工工艺

　　激光切割实质是高能激光束与辅助气体相互作用的结果(图 3-11),一方面高能光束使加工材料熔化甚至汽化,另一方面辅助气体把熔融金属和部分热量从切口中排出去。所以,激光加工的能量分布,金属液固状态转变,辅助气体压力与流动特性是影响切割质量与效率的重要因素。通过理论分析,数值模拟与实验结合的方式研究辅助气体压力、喷嘴类型、激光功率等工艺参数对切割速度与质量的影响规律。通过合理配置工艺参数,提高激光切割的效率和质量。

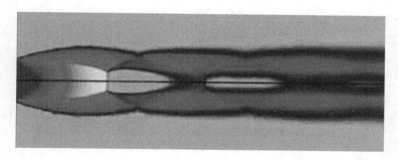

图 3-11　激光切割辅助气体流场分析

第五节　激光切割设备

一、　激光切割设备的组成

　　激光切割设备按激光工作物质的不同,可分为固体激光切割设备和气体激光切割设备;按激光器工作方式的不同,可分为连续激光切割设备和脉冲激光切割设备。激光切割大都采用 CO_2 激光切割设备,主要由激光器、导光系统、数控运动系统、割炬、操作台、气源、水源及抽烟系统组成。典型的 CO_2 激光切割设备的基本构成如图 3 - 12 所示[6]。

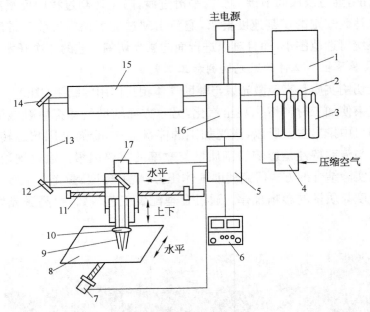

图 3 - 12　典型 CO_2 激光切割设备的基本构成

1—冷却水装置；2—激光气瓶；3—辅助气体瓶；4—空气干燥瓶；5—数控装置；
6—操作面板；7—伺服电动机；8—切割工作台；9—割炬；10—聚焦透镜；11—丝杆；
12—反射镜；13—激光束；14—反射镜；15—激光振荡器；16—激光电源；
17—伺服电动机和割炬驱动装置

激光切割设备各结构的作用如下：

（1）激光电源：供给激光振荡用的高压电源。

（2）激光振荡器：产生激光的主要设备。

（3）折射反射镜：用于将激光导向所需要的方向。为使光束通路不发生故障，所有反射镜都要用保护罩加以保护。

（4）割炬：主要包括枪体、聚焦透镜和辅助气体喷嘴等零件。

（5）切割工作平台：用于安放被切割工件，并能按控制程序正确而精确地进行移动，通常由伺服电机驱动。

（6）割炬驱动装置：用于按照程序驱动割炬沿 x 轴和 z 轴方向运动，由伺服电动机和丝杆等传动件组成。

（7）数控装置：对切割平台和割炬的运动进行控制，同时也控制激光器的输出功率。

（8）操作面板：用于控制整个切割装置的工作过程。

（9）气瓶：包括激光工作介质气瓶和辅助气瓶，用于补充激光振荡器的工作气体和供给切割用辅助气体。

（10）冷却水循环装置：用于冷却激光振荡器。激光器是利用电能转换成光能的装置，如 CO_2 激光器的转换效率一般为 20％，剩余的 80％ 能量就变换为热量。冷却水把多余的热量带走以保持振荡器的正常工作。

（11）空气干燥器：用于向激光振荡器和光束通路供给洁净的干燥空气，以保持通路和反射镜的正常工作。

二、 激光切割用激光器

切割用激光器主要有 CO_2 激光器和 YAG 激光器两种。有关 CO_2 激光器与 YAG 激光器的特点、工作原理等已在本书第二章有详细论述，以下主要从激光切割的角度来讨论它们的原理与特点。

CO_2 激光器和 YAG 激光器的基本特性及主要用途见表 3-4，它们的切割加工性能比较见表 3-5。

表 3-4　CO_2 激光器与 YAG 激光器的基本特性及主要用途

激光器	波长(μm)	振荡形式	输出功率	效率*（%）	用　途
CO_2 激光器	10.6	脉冲/连续	20 kW	20	打孔、切割、焊接、热处理
YAG 激光器	1.06	脉冲/连续	1.8 kW 脉冲能量 0.1～150 J	3	打孔、焊接、切割、烧刻

注：指投入激光器工作介质的能量与激光输出能量之比。

表 3-5　CO_2 激光器与 YAG 激光器的切割加工性能比较

项　目	CO_2 激光器	YAG 激光器
聚焦性能	光束发散角小，易获得基模，聚焦后光斑小	光束发散角大，不易获得单模式（仅超声波 Q 开关 YAG 激光器能产生单模式），聚焦后光斑较大，功率密度低
金属对激光的吸收率（常温）	低	高
切割特性	好（切割厚度大，切割速度快）	较差（切割能力低）

(续表)

项　目	CO₂ 激光器	YAG 激光器
结构特性	结构复杂,体积较大,对光路的精度要求高	结构紧凑,体积小,光路和光学零件简单
维护性	差	良好
加工柔性	差(光束的传输依靠反射镜,难以传输到不同加工工位)	好(可利用光纤传输光束,一台激光器可用于多个工位,也可多台连用)

1. CO_2 激光器

CO_2 激光器是利用封闭在容器内的 CO_2 气体(实际上是 CO_2、N_2 和 He 的混合体)作为工作物质经受激振荡后产生的光放大。CO_2 激光器的基本结构如图 3-13 所示。气体通过施加高压电形成辉光放电状态,借助设在容器两端的反射镜使其在反射镜之间的区域不断受激励并产生激光。

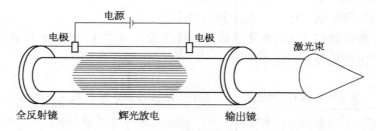

图 3-13　CO_2 激光器的基本结构

CO_2 激光器主要有气体封闭容器式、低速轴流式、高速轴流式和横流式(即放电方向、光轴方向与气体流动方向成正交)等类型。激光切割一般使用轴流式 CO_2 激光器。

四种切割用 CO_2 激光器的主要特性见表 3-6。

表 3-6　四种切割用 CO_2 激光器的主要特性

类型	构　成　简　图	实用输出功率(W)	优　点	缺　点
气体封闭式	高压电源　$CO_2/N_2/He$　热扩散冷却	100	结构简单	功率小,实用性差

（续表）

类型	构 成 简 图	实用输出功率(W)	优　点	缺　点
低速轴流式	高压电源　$CO_2/N_2/He$　气体注入　冷媒　向冷媒的热扩散冷却　气体	1 000	可获得稳定的基模激光	外形尺寸较大,维护保养较难
高速轴流式	高压电源　$CO_2/N_2/He$　鼓风机　热交换器	3 000	可在体积不大的情况下获得较大的输出功率,维护方便	输出功率的稳定性取决于风机的可靠性
横流式	高压电源　$CO_2/N_2/He$　气体流　热交换器　风机	15 000	可获得很高的输出功率	光束能量分布为复式,效率较低

2. YAG 激光器

YAG 激光器的结构原理如图 3-14 所示。它是借助光学泵将电能转化的光能量传送到工作介质中,使之在激光棒与电弧灯周围形成一个泵室。同时通过激光棒两端的反光镜,使光对准工作介质,对其进行激励以产生光放大,从而获得激光。

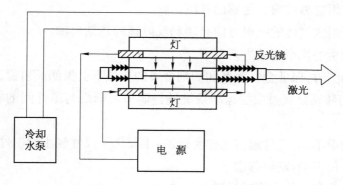

图 3-14　YAG 激光的结构原理

切割用 YAG 激光器的种类和用途见表 3-7。

表 3-7 切割用 YAG 激光器的种类和主要用途

项　目	连续激光器		脉冲激光器
	一般连续振荡	Q 开关振荡	
激励用灯	电弧灯	—	闪光灯
激光能量 Q 开关	—	超声波 Q 开关	—
脉冲宽度	—	50～500 ms	0.1～20 ms
重复频率(kHz)	—	<50	$(1～500)×10^{-6}$
平均输出功率(W)	1～1 800	100	1 000
脉冲能量(mJ)	—	1～30	100～150 000
主要用途	切割碳素钢、不锈钢薄板（厚度小于 3 mm）	精密切割陶瓷和铝合金薄板（厚度约 1 mm）	精密切割铜、铝合金板（厚度小于 20 mm）

三、 激光切割用割炬

激光切割用割炬的结构如图 3-15 所示,主要由割炬体、聚焦透镜、反射镜和辅助气体喷嘴等组成。

1. 割炬体

激光切割时,割炬必须满足下列要求:

(1) 割炬能够喷射出足够的气流。

(2) 割炬内气体的喷射方向必须和反射镜的光轴同轴。

(3) 割炬的焦距能够方便调节。

(4) 切割时,保证金属蒸气和切割金属的飞溅不会损伤反射镜。

割炬的移动是通过数控运动系统进行调节。割炬与工件间的相对移动有三种情况:

(1) 割炬不动,工件通过工作台运动,主要用于尺寸较小的工件。

(2) 工件不动,割炬移动。

(3) 割炬和工作台同时运动。

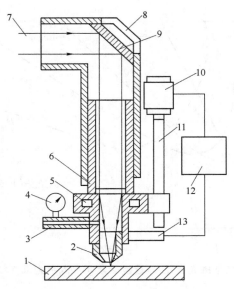

图 3-15　激光切割用割炬的结构

1—工件；2—切割喷嘴；3—氧气进气管；4—氧气压力表；5—透镜冷却水套；
6—聚焦透镜；7—激光束；8—反射镜冷却水套；9—反射镜；10—伺服电动机；
11—滚珠丝杠；12—放大控制及驱动电机；13—位置传感器

2. 聚焦透镜

聚焦透镜用于聚焦射入割炬的平行激光束，以获得较小的光斑和较高的功率密度。透镜经常采用能透过激光波长的材料制造。固体激光常用光学玻璃，而 CO_2 激光因透不过普通玻璃，而采用 ZnSe、GaAs 和 Ge 等材料制造，其中最常用的是 ZnSe。

透镜的形状有双凸形、平凸形和凹凸形三种。透镜的焦距对聚焦后光斑直径和焦点深度有很大影响。聚焦光斑直径 d_0 与透镜焦距 f 和入射激光束直径 D 之间的关系如图 3-16 所示。由图可见，当入射激光束直径 D 值一定时，存在一个最佳的透镜焦距 f 值使聚焦光斑直径 d_0 最小。

焦点深度 f_d 与透镜焦距 f 的关系如图 3-17 所示。随着透镜焦距的减小，焦点深度也变小。

对于激光切割，希望聚焦光斑直径尽可能小，这样，功率密度就能提高，有利于实现高速切割。但透镜焦距减小时，焦点深度也较小，在切割厚度较大的板时难以获得垂直度好的切割面。另外，透镜焦距较小时，透镜与工件之间的距离也缩小，在切割过程中聚焦透镜易被溅射的熔渣等物质弄脏，影响切割的正常进行。因此，要根据切割厚度和切割质量要求等因素综合考虑，确定适当的焦距。

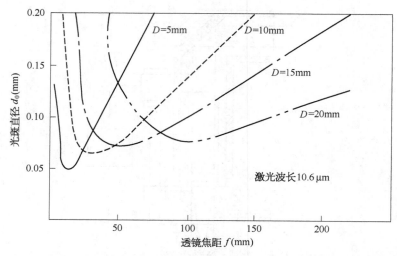

图 3-16　聚焦光斑直径 d_0 与透镜焦距 f 和入射光束直径 D 之间的关系

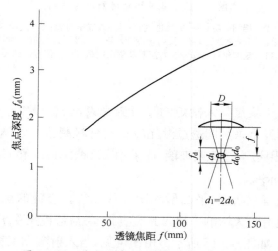

图 3-17　焦点深度 f_d 与透镜焦距 f 的关系

3. 反射镜

反射镜的功能是改变来自激光器的光束方向。对固体激光器发出的光束可使用内光学玻璃制造的反射镜,而对 CO_2 激光切割装置中的反射镜常用铜或反射率高的金属制造。反射镜在使用过程中,为避免反射镜受光照过热而损坏,通常需用水进行冷却。

4. 喷嘴

喷嘴用于向切割区喷射辅助气体,其结构形状对切割效率和质量有一定影响。激光切割常用的喷嘴形状如图 3 - 18 所示,喷孔的形状有圆柱形、锥形和缩放形等。喷嘴的选用一般根据切割工件的材质、厚度、辅助气体压力等再经试验后确定。

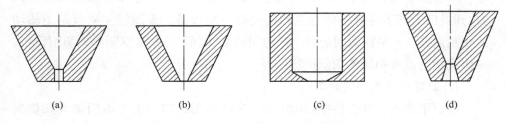

图 3 - 18　激光切割常用的喷嘴形状

(a) 收缩准直型;(b) 收缩型;(c) 准直收缩型;(d) 收缩扩张型

激光切割一般采用同轴(气流与光轴同轴线)喷嘴,若气流与光束不同轴线,则在切割时易产生大量飞溅。喷嘴孔的孔壁应光滑,以保证气流的顺畅,避免因出现紊流而影响切口质量。为了保证切割过程的稳定性,一般应尽量减小喷嘴端面至工件表面的距离,常取 0.5~2.0 mm。

当用惰性气体切割某些金属时,为保护切口区金属不致因空气入侵(一般喷嘴在切割方向突然改变时常有空气卷入切割区)而发生氧化或氮化,则宜使用加保护罩的喷嘴。加玻璃绒保护罩的喷嘴结构如图 3 - 19 所示。

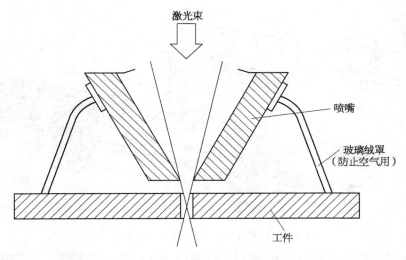

图 3 - 19　加玻璃绒保护罩的喷嘴结构

四、　激光切割设备的技术参数

随着激光切割应用范围的日益扩大,为适应不同尺寸零件切割加工的需要,开发出了许多具有不同特性和用途的切割设备。常用的主要有割炬驱动式切割设备、xy 坐标切割台驱动式切割设备、割炬/切割台双驱动式切割设备、一体式切割设备和激光切割机器人等。

1. 割炬驱动式切割设备

割炬驱动式切割设备中,割炬安装在可移动式门架上并沿门架大梁横向(y 轴方向)运动,门架带动割炬沿 x 轴运动,工件固定在切割台上。由于激光器与割炬分离设置,在切割过程中,激光的传输特性、沿光束扫描方向的平行度和折光反射镜的稳定性都会受到影响。

割炬驱动式切割设备可以加工尺寸较大的零件,切割生产区占地相对较小,易与其他设备组成生产流水线,但是定位精度只有 ±0.04 mm。

割炬驱动式切割设备的典型结构如图 3 - 20 所示[6]。采用 CO_2 连续激光,光束从激光器传送到割炬的距离为 18 mm。为了保持光束直径在这一传送距离内其形状的变化不妨碍切割加工的进行,振荡器反光镜的组合应仔细设计。

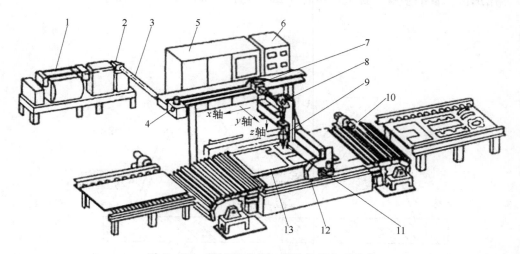

图 3 - 20　割炬驱动式切割设备的典型结构

1—激光器；2—反射镜；3—激光束；4—反射镜；5—激光电源；6—数控装置；7—反射镜；
8—反射镜；9—聚焦透镜；10—传送带；11—高度传感器；12—齿轮与齿条；13—钢板

2. xy 坐标切割台驱动式切割设备

xy 坐标切割台驱动式切割设备,割炬固定在机架上,工件置于切割台上。切割台按数控指令沿 x、y 方向运动,驱动速度一般为 0~1 m/min(可调)或者 0~5 m/min(可调)。由于割炬相对激光器固定,在切割过程中对激光束的调准对中影响小,因此,能进行均一且稳定的切割。当切割工作台尺寸较小、机械精度较高时,定位精度为 ±0.01 mm,切割精度相当好,特别适合于小零件的精密切削。另外也有采用 x 轴方向行程 2 300~2 400 mm、y 轴方向行程 1 200~1 300 mm 的切割工作台来加工较大尺寸的零件。

xy 坐标切割台驱动式切割设备(数控方式)的主要技术参数见表 3-8[6]。

表 3-8　xy 坐标切割台驱动式切割设备的主要技术参数

激　光　器	CO_2 气体激光器(半封闭直管式)
激光电源	输入电压:200 V AC 输出电压:0~30 kW 最大输出电流:100 mA
激光输出功率(W)	550
切割台行程(mm)	x 轴 2 300,y 轴 1 300
切割台驱动速度(分级可调)(m/min)	0.4~5.0, 0.2~2.5 0.1~1.3, 0.05~0.6
割炬高度(z 向)浮动行程(mm)	180
加工板材的最大尺寸(mm)	6×1 300×2 300

3. 割炬切割台双驱动式切割设备

割炬切割台双驱动式切割设备介于割炬驱动式与 xy 坐标切割台驱动式之间。割炬安装在门架上并沿门架大梁作横向(y 向)运动,切割台沿纵向驱动,兼有切割精度高和节省生产场地的优点。定位精度为 ±0.01 mm,切割速度调节范围为 0~20 m/min,是应用较多的一种切割设备。其中较大的切割设备 y 轴方向行程为 2 000 mm,x 轴方向行程为 6 000 mm,可切割大尺寸零件。

激光振荡器和割炬一起安装在门架上,切割精度相当好。切割圆孔精度和切割速度的关系如图 3-21 所示。由图可见,采用割炬-切割台双驱动式切割设备切割圆孔,圆孔的精度(圆度,圆孔的最大直径与最小直径之差)相当好。而且这种设备的生产效率也很高,在 1 mm 厚的钢板上,每分钟能切割直

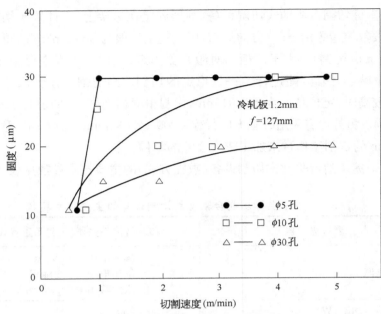

（材料：碳素钢薄板，厚1.2mm，焦距127mm）

图 3-21　切割圆孔精度和切割速度的关系

径为 10 mm 的圆孔 46 个。

4. 一体式切割设备

一体式切割设备中，激光器安装在机架上并随机架纵向移动，而割炬同其驱动机构组成一体在机架大梁上横向移动，利用数控方式可进行各种成型零件的切割。为弥补割炬横向移动使光路长度变化，通常备有光路长度调整组件，能在切割区范围内获得均质的光束，保持切剖面质量的同质性。

一体式切割设备一股采用大功率激光器，适用于中厚板（8～35 mm）大尺寸钢结构件的切割加工。表 3-9 列出了一体式激光器切割设备的加工能力。LMX 型一体式激光切割设备的主要技术参数见表 3-10。

表 3-9　一体式激光切割设备的加工能力

激光功率(kW)	1.4	2	3	6
有效切割范围(mm)	1 830×7 000	2 400×36 000	4 200×36 000	2 600×36 000
切割碳素钢最大厚度(mm)	9	16	19	40

表 3 - 10　LMX 型一体式激光切割设备的主要技术参数

型　号	LMX25	LMX30	LMX35	LMX40
有效切割宽度(mm)	2 600	3 100	3 600	4 100
有效切割长度(mm)	可根据用户要求(标准 6 m)			
轨距(mm)	有效切割宽度＋1 700			
轨道总长(mm)	有效切割宽度＋4 800			
切割机高度(mm)	2 200			
割炬高度浮动行程(mm)	200			
驱动方式	齿条和齿轮双侧驱动式			
切割进给速度(mm/min)	6～5 000			
快速进给速度(mm/min)	24 000			
割炬上下移动速度(mm/min)	1 200			
原点返回精度(mm)	±0.1			
定位精度(mm)	±0.000 1			
激光器(CO_2 激光器)	TF3500(额定功率 3 kW)或 TF2500(额定功率 2 kW)			

5. 激光切割机器人

激光切割机器人有 CO_2 激光机器人和 YAG 激光切割机器人两种。通常激光切割机器人既可进行切割又能用于焊接。

(1) CO_2 激光切割机器人。L - 1000 型 CO_2 激光切割机器人结构简图如图 3 - 22 所示[6]，该型激光切割机器人是极坐标式五轴控制机器人，配用 C1000～C3000 型激光器。光束经由设置在机器人手臂内的四个反射镜传送，聚焦后从喷嘴射出。反射镜用铜制造，表面经过反射处理，使光束传递损失不超过 0.8%，而且焦点的位置精度相当好。为了防止反射镜受到污损，光路完全不与外界接触，同时还在光路内充入经过过滤的洁净空气，并具有一定的压力，从而防止周围的灰尘进入。

L - 1000 型 CO_2 激光切割机器人的特征和主要技术参数见表 3 - 11[6]。

(2) YAG 激光切割机器人。日本研制的多关节型 YAG 激光切割机器人的结构如图 3 - 23 所示[6]。

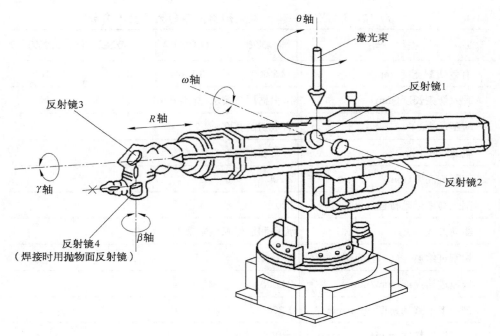

图 3-22　L-1000 型 CO_2 激光切割机器人结构简图

表 3-11　L-1000 型 CO_2 激光切割机器人的特征和主要技术参数

项　　目		技　术　参　数
动作形态		极坐标式
控制轴数		5 轴(θ、ω、R、γ、β)
设置状态		固定在地面或悬挂在门架上
工作范围	θ 轴(°)	200
	ω 轴(°)	60
	R 轴(mm)	1 200
	γ 轴(°)	360
	β 轴(°)	280
最大动作速度	θ 轴(°/s)	90
	ω 轴(°/s)	70
	R 轴(mm/s)	90
	γ 轴(°/s)	360
	β 轴(°/s)	360

（续表）

项 目	技 术 参 数
手臂前段可携带质量(kg)	5
驱动方式	交流伺服电机伺服驱动
控制方式	数字伺服控制
位置重复精度(mm)	±0.5
激光反射镜数量(个)	4
激光进口直径(mm)	62
辅助气体管路系统(套)	2
光路清洁用空气管路系统(套)	1
激光反射镜冷却水系统	进、出水各 1 套
机械结构部分的质量(kg)	580

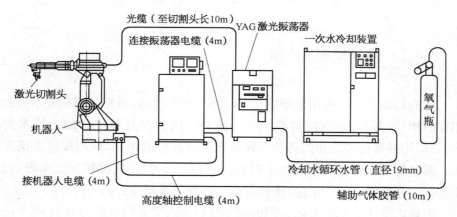

图 3-23 多关节型 YAG 激光切割机器人的结构

多关节型 YAG 激光切割机器人是用光纤维把激光器发出的光束直接传送到装在机器人手臂的割炬中,因此,比 CO_2 激光切割机器人更为灵活。这种机器人是由原来的焊接机器人改造而成,采用示教方式,适用于三维钣金零件,如轿车车体模压件等的毛边修割、打孔和切割加工。

第四章

激光切割工艺分析

激光切割的工艺问题较复杂,本章从激光切割特性、激光切割控制的难点、激光切割的软件影响因素以及钢板的激光切割工艺等方面分析激光切割工艺问题,最后讨论常用工程材料(包括金属材料、非金属材料及复合材料)的激光切割问题。

第一节 激光切割特性分析

一、 激光切割的类型

激光切割的工业应用最早始于 20 世纪 70 年代初,最初是用在硬木板上切非穿透槽、嵌刀片、制造冲剪纸箱板的模具。随着激光器件和加工技术的进步,其应用领域逐步延伸到各种金属和非金属板材的切割,应用规模也迅速扩大。激光切割所占材料激光加工的比例超过了 50%。从材料方面来看,激光能切割的有塑料、木材、纸张、橡胶、皮革、纤维以及复合材料等。

聚焦透镜将激光聚焦至一个很小的光斑,光斑的直径一般为 0.1~0.5 mm。光斑位于待加工表面附近,用以熔化或汽化被切材料。与此同时,与光束同轴线的气流由切割头喷出,将熔化或汽化了的材料由切口的底部吹出。随着激光切割头与被切材料的相对运动,从而生成切口。如果吹出的气体和被切材料产生放热反应,则此反应将提供切割所需的附加能源。气流还有冷却已切割表面、减少热影响区和保证聚焦透镜不受污染的作用。

根据工件的热物理特性和辅助气体的性状,激光切割主要有以下几种类型:

(1)激光熔化切割。利用激光加热工件使之熔化,同时借助非氧化性辅助气体排除熔融物质,形成割缝。

（2）激光汽化切割。当高功率密度的激光照射到工件表面时,材料在极短的时间内被加热到汽化点,并以气体或者被气体冲击后以液态、固态微粒形态逸出,形成割缝。

（3）激光燃烧切割。利用激光热能将工件加热到燃点,利用辅助气体使材料燃烧,并排除燃烧产物,形成割缝,类似氧气切割过程。

（4）激光烧蚀。利用激光斑点的高温和光化学作用在脆性材料上烧刻小槽,然后施加一定的外力使材料沿槽口断开。

二、　激光切割的特性

一般激光切割的特性主要包括：

1. 与其他常规加工方法相比,激光切割具有更大的适应性和灵活性

与下列其他热切割方法相比,同样作为热切割过程,其他热切割方法不能像激光束那样作用于一个极小的区域,从而导致切口宽、热影响区大和明显的工件变形。激光能够切割非金属材料,这是其他切割方法不能做到的。

（1）氧-可燃体（如乙炔）切割。这种方法主要用于切割低碳钢,由于它热影响区大,切割速度低,很少被用来切割 20 mm 以下要求尺寸精确的材料。

（2）等离子切割。切割速度明显快于氧-乙炔切割,但切割质量较差,切边顶部呈圆头状,切边明显起波浪形,还要防止电弧产生的紫外线辐射。它稍优于激光切割之处在于适合切割较厚钢板和对光束反射率高的铝合金等。

（3）模冲。大批量生产的零件用模冲方法成本低,生产周期短。但它对设计上的变化适应性很差,新的模具需要长时间设计,造价高,对中、小规模的生产来说激光切割的特点就会充分显示。另外,激光程控切割便于工件紧密编排,节省材料,而模冲则需要每个工件周围预留材料。

（4）冲切。复杂零件要分段冲切,一般情况下,冲床经常要冲切比模具尺寸大得多的工件,有些工件还很复杂,这就导致切边呈许多小贝壳状刃口,需要第二次预备性加工修整。另外冲头会形成比激光切割宽得多的切口,产生大量铁屑。

（5）锯切。切割薄金属,其速度明显比激光切割慢,而且激光作为一个灵活的无接触、仿形切割工具,可从材料的任何一点开始向任何方向切割。这一点是锯切难以做到的。

(6) 电加工。分为利用电腐蚀或溶解效应的电火花加工和电化学加工两种方法,用于坚硬材料的精细加工,切口粗糙度较好,但切割速度要比激光切割速度慢几个数量级。

(7) 水切割。可切割许多金属材料,但费用昂贵。

2. 激光切割的切缝窄,工件变形小

激光束聚焦成很小的光点,使焦点处达到很高的功率密度。这时光束输入的热量远远超过被材料反射、传导或扩散的部分,材料很快加热至汽化程度,蒸发形成孔洞。随着光束与材料相对线性移动,使孔洞连续形成宽度很窄的切缝。切边受热影响很小,基本没有工件变形,切割过程中还添加与被切材料相适合的辅助气体。钢切割时利用氧作为辅助气体与熔融金属产生放热化学反应氧化材料,同时帮助吹走割缝内的熔渣。切割聚丙烯一类塑料使用压缩空气,切割棉、纸等易燃材料使用惰性气体。进入喷嘴的辅助气体还能冷却聚焦透镜,防止烟尘进入透镜座内污染镜片并导致镜片过热。

大多数有机材料与无机材料都可以用激光切割。在机械制造领域占有分量很重的金属加工业,对于大多数金属材料,不管它是什么样的硬度,都可以进行无变形切割。当然,对高反射率材料,如金、银、铜和铝合金,它们虽然也是好的传热导体,但由于高反射率,激光切割很困难,甚至不能切割。

激光切割无毛刺,无褶皱,精度高,优于等离子切割。对许多机电制造行业来说,由于微机程序控制的现代激光切割系统能方便切割不同形状与尺寸的工件,它往往比冲切、模压工艺更被优先选用;尽管它加工速度还慢于模冲,但它没有模具消耗,无须修理模具,还节约更换模具时间,从而节省了加工费用,降低了生产成本,所以从总体上考虑是更合算的。

3. 激光切割是一种高能量、密度可控性好的无接触加工

激光束聚焦应用于切割有许多特点如下:

(1) 激光光能转换成惊人的热能保持在极小的区域内,有利于直边割缝狭窄、邻近切边的热影响区最小,局部变形极小。

(2) 激光束对工件不施加任何力,它是无接触切割工具,因此不存在工件机械变形,刀具磨损和转换问题,而且无须考虑切割材料的硬度,即激光切割能力不受被切材料的硬度影响,任何硬度的材料都可以切割。

(3) 激光束可控性强,并有高的适应性和柔性,因而与自动化设备相结合很方便,容易实现切割过程自动化。此外,由于不存在对切割工件的限制,激光束具有无限的仿形切割能力。且与计算机结合，可整张板排料，节省材料。

4. 激光切割属于绿色制造加工

激光切割噪声低，振动小，对环境基本无污染。

第二节　激光切割控制的难点

关于切割质量，目前我国尚无有关激光切割质量的标准，日本也无专用标准，而是参照气割质量标准。德国在 1990 年已制订出了激光切割的国家标准[34]，对切割面质量和尺寸公差作了分级规定。最近，国际标准化组织已在制订激光切割质量评定的国际标准。一般说来，切割质量好主要是指零件尺寸精度高，切缝窄，切边平行度（或垂直度）好，切割表面光洁和切缝背面无粘渣。当然，还希望切边热损伤小以及切口处轮廓清晰。

由于激光切割的热变形很小，切割零件的尺寸精度主要取决于切割装置的机械精度和控制精度，通过调整切割参数可以控制切缝宽度 t 和切割面平均粗糙度 Ra，而这也正是切割过程需要控制的难点所在。另外，切割速度决定了生产效率，在保证切割质量的前提下，尽量提高生产率，降低加工成本，对现代企业的发展是一个不容忽略的问题。

一、　切缝宽度

研究发现，激光切割金属材料时，切缝宽度同光束模式和光斑直径有很大的关系。CO_2 激光束聚焦后的光斑直径，根据光束模式和焦距，其直径一般在 $0.15 \sim 0.3$ mm 之间。切割低碳钢薄板时，在适当加快切割速度的情况下，切口宽度大致等于光斑直径。随着板厚的增加，切割速度下降，而且上部的切口宽度也往往大于光斑直径。

切缝宽度的测量比较直观，而且数据测量也较为准确，因而是衡量切割质量的主要指标之一。

二、　切割面的粗糙度

影响激光切割面的因素很多，除光束模式和切割参数外，还与照射功率密度、工件的材质和厚度有关。另外,沿板厚方向其切割面粗糙度会有差异,对于较厚板料,沿厚度方向切割面的粗糙度差异更明显,一般上部较细,下部较粗。通常粗糙度测定区指距上边缘 0.5～1 mm 处的平均粗糙度。

三、 熔渣在切口中的流动及熔渣粘附

在用氧气做辅助气体激光切割碳素钢时,在合适的切割速度下不发生熔渣粘附现象,而当切割速度过快或过慢时,就会出现熔渣,如图 4-1 所示。

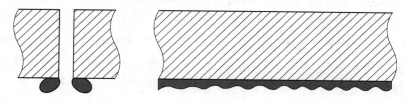

图 4-1　熔渣粘附示意图

相关研究表明,在切割过程中,当切割速度恰当时,切口中的熔渣流略偏向切割行进方向,同时在氧气流的推动下,熔渣流以串状向下流走,于是切口中就不粘附熔渣。当切割速度过快时,熔渣流呈喷射状向切割方向的后方流动,一旦向后的倾斜角偏大,一部分熔渣就粘附到工件的底面上。反之,若切割速度过慢,熔渣流被氧化反应区后部的熔融金属拉向后方,并粘附在工件的底部。因此,用氧气作辅助气体激光切割碳素钢时,是否产生粘渣,切割速度是重要因素,通常,以接近上述优质切割上限临界速度进行切割时,能够获得无粘渣的切口。

四、 切割速度

在激光切割过程中,切割速度受输出功率、辅助气体压力以及板材厚度的影响比较显著。为保证产品的技术性,获得良好的切割质量,需要选择合适的切割速度;同时,为提高产品的经济性,提高工效、降低成本,还需要在保证品质的前提下,尽可能缩短切割时间。在特定的参量下,切速可适当改变,以获得不同的切割质量。

切割速度对热影响区的大小和切缝宽度有较大的影响,随着切割速度增

加,切缝顶部热影响区和缝宽都单一地减小,到切缝底部则出现最小值。

切割速度对切口粗糙度同样也有影响,速度过低时,因氧化反应热在切口前沿的作用时间延长,切口宽度增大,切口波浪形比较严重,切割面也变粗糙。随着切割速度的加快,切口逐渐变窄,直至上部的切口宽度相当于光斑直径。此时切口呈上宽下窄的楔形。继续增加切割速度,上部切口宽度仍继续变小,但下部相对变宽面形成倒楔形。

五、 焦点位置

由于激光功率密度对切割速度影响很大,透镜焦长的选择显得尤其重要。激光束聚集后光斑大小与透镜焦长成正比,光束经短焦长透镜聚焦后光斑尺寸很小,焦点处功率密度很高,对材料切割很有利,但它的不利之处是焦深很短,调节余量小,一般较适于高速切割薄型材料。

由于焦点处功率密度最高,在大多数情况下,切割时焦点位置刚处在工件表面,或稍微在表面以下。在整个切割过程中,确保焦点与工件相对位置恒定是获得稳定切割质量的重要条件。有时,透镜工作中因冷却不善而受热从而引起焦长变化,这就需要及时调整焦点位置。

第三节 影响激光切割的软件因素

激光切割是熔化与汽化相结合的过程,影响其切割质量的因素很多,除了机床、加工材料等硬件因素之外,其他软件因素也对其加工质量有很大的影响。根据实际切割中出现的问题,结合激光切割本身的特点,研究这些软件因素对加工质量的影响是计算机辅助工艺设计的基本内容,具体包括以下几点[3]:

(1) 打孔点的选择,根据实际情况确定打孔点的位置;

(2) 辅助切割路径的设置;

(3) 激光束半径补偿和空行程处理;

(4) 通过板材优化排样来节省材料尽可能提高板材利用率;

(5) 结合零件套排问题的路径选取;

(6) 考虑热变形等加工因素影响后的路径。

一、　打孔点位置的确定

激光切割要从一个起始点开始切割，这个点叫做打孔点，具体来说打孔点就是指激光束开始一次完整的轮廓切割之前在板材上击穿的一个很小的孔，因为下面紧接着的切割就是从这一点开始，所以有时又称为"引弧孔"，也可以叫做切割起始孔。对于没有精度要求或要求不高的板材切割可以直接将打孔点设置在零件的切割轮廓上。由于打孔点的形成需要一段预热时间而在其周围形成热影响区，加上打孔点的直径比正常切缝大，因此打孔点处的质量一般比线切割的质量差得多。如果将打孔点设置在零件轮廓上，就会大大影响零件的加工质量，所以对于精密加工，为了提高切割质量，保证加工精度，必须在切割路线的起点附近设置一个打孔点，也就是将打孔点设置在板材废域（即加工区域之外）上而不可以直接设置在零件轮廓上。

打孔点的合理设置对于零件的切割质量有很重要的影响。设置合理的打孔点距零件切割路线起点的距离也是很重要的。这是因为，激光切割的成本很高，如果这个值设置得很长，则会增加加工成本，同时也降低加工效率；而脉冲激光从激光束产生到各项参数如激光功率等基本保持稳定需要一个过程，所以也不能将这个值设置得很短；另外，如果考虑激光切割板材的热流影响，则情况更加复杂，所以选取合理的打孔点位置非常重要，同时打孔参数和切割参数也是有区别的，切割参数在打孔的情况下变成了打孔时间。打孔时间是打孔过程中一个很关键的参数，这个时间短了打不穿板材，长了又会使材料产生较大的熔损，因此这个参数的选取也要根据板材材质和厚度的不同，经过反复实验获得最佳的数据。

二、　辅助切割路径的设置

零件轮廓以外的切割路径统称为辅助切割路径。精密加工时，设置辅助切割路径是保证零件外轮廓切割质量的一条很重要的工艺措施。激光切割最终是利用热能熔化和汽化板材达到切割的目的，所以如果出现散热不均匀而产生热量集中的现象时，就可能降低加工精度，甚至烧坏零件，因此设置辅助切割路径是非常有必要的。辅助切割路径分为两类：一类是"切入、切出辅助路径"，即引入、引出线；另一类是"环形辅助路径"。

"切入、切出辅助路径"即在精密加工时,为了使零件轮廓光滑,过渡流畅,引入、引出线从轮廓以外切人、切出零件的辅助路径。对于精度要求不高的钣金下料,可以将"引弧孔"直接设置在零件的轮廓上,不加入引入、引出线,但是由于"引弧孔"的直径比正常的切缝大,所以对于精密加工,为了提高切割质量,保证加工精度,应将"引弧孔"设置于板材废域上而不能直接设置在零件轮廓本身上。总之,引入、引出线的设置就是为了使激光束质量稳定,避开"引弧孔"对整个零件轮廓切割的影响。切割时从引入线进入,切割完毕后从引出线退出。

设置辅助切割路径是保证零件外轮廓切割质量的重要工艺措施。激光切割最终是利用热能熔化和汽化板材达到切割的目的,如果出现散热不均而产生热集中就可能影响加工质量,尤其在零件尖角切割时最容易出现此现象,大大降低了零件的加工精度,甚至烧坏零件。所以在外轮廓的夹角部位设置一段封闭的环形辅助切割路径,这样就可以保证零件的切割精度,如图 4-2 所示,环形辅助路径的设置就是为了在不改变激光功率和切割速度的情况下完成对外轮廓尖锐部位的正常切割。目前在实际切割过程中,还可以通过控制功率/速度(P/v)来保证零件尖角的加工精度,避免产生热集中,如图 4-3 所示,用户自行设定 P/v 控制范围、d 的大小。当切割接近轮廓尖角部位时,及时降低激光器功率和切割速度,使热量均匀分布在零件轮廓上,从而保证了加工的质量[3]。

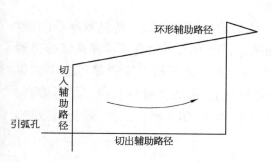

图 4-2 环形辅助切割路径的设置

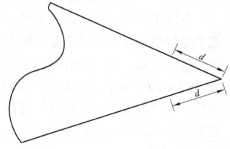

图 4-3 内轮廓尖角的 P/v 控制

三、 激光束半径补偿和空行程处理

由于激光束存在发散,因此聚焦后不可能是一个几何点而是一个具有一定直径的光斑,精密切割时必须对其进行半径的自动补偿。在实际的激光切割中,光斑直径一般在 $100\sim500~\mu m$,自动补偿时激光束中心轨迹偏离理论轮廓一个光斑半径,并对偏移后的中心轨迹进行处理。

激光头喷嘴在切割板材时,为了确保激光束的焦点在板材上的位置不变,需要在喷嘴上附加一个随动装置以保证激光的正常切割。这样就引发了另一个问题,即当激光喷嘴的切割路径从已切割且落料后的区域中通过时,由于随动装置要保持激光束焦点的位置,则会出现激光头下落,导致加工受阻停止,严重的还会损坏激光头。因此,在激光切割排好样的板材时,零件与零件之间的过渡需要激光头喷嘴有一段空行程。为了防止空行程时激光头喷嘴下沉,损坏激光器,空行程应避开已经切割掉的板材空洞。

四、 激光切割优化排样

在板材的激光切割中,零件在板材上的排放方法是影响材料利用率以及生产周期的关键。手工排样工作效率较低,自动排样不仅大大提高了材料的利用率,而且使生产周期大大缩短。对于多个零件间的嵌套排列,合理的排放零件位置使得用料最省,因此,优化排样非常重要。

所谓优化排样是指将待切割零件的形状轮廓放置在给定规格大小的钢板上进行优化排列,使得钢板的利用率尽可能高。一般来说自动排样常常与交互排样相结合以达到排样结果的最优化。

在优化排样过程中还应该考虑排样预处理、切割工艺、切割效率等问题,尤其是零件连续切割和共边切割的问题。目前有很多的自动排样系统都得到了广泛的应用。优化排样的目的是在给定大小的板材上安置尽可能多的零件,或将给定的零件安置在尽可能小的板材上,从而使材料利用率尽可能高。国外学者对二维自动优化排样提出了很多算法,如人机交互法、解析函数法、启发式搜索法和两步法等。

五、 结合零件套排问题的路径选取

在实际激光切割板材中,切割质量与其复杂的几何形状相关。为了提高板材的利用率,排样时常常是采用零件套排的形式,对于这种排好样的板材零件的切割,合理的切割顺序应是从里到外,以防止由于板材变形而导致加工质量受到影响。在切割排列大小不一的零件板材上，应先切割小件，后切割与其相邻的大件，目的也是为了防止板材变形。

六、 考虑热效应对路径的影响

在激光切割锐角孔槽过程中，由于工件过热而导致了切割质量不可避免的下降，鉴于此，在路径选取时还要考虑这方面的工艺处理，应努力做到寻找一条优化的切割路径以满足用户对切割质量的要求。这一优化的路径不仅要使切割行程尽可能短（含空行程），而且还应该考虑在该路径下切割的过程中产生的工件热量的影响，而将这两方面有机的结合形成真正的适合激光切割过程的路径才是最有实用价值的。因此，在实际的激光切割过程中要想获得较高的生产效率和较好的加工质量，不但需要考虑切割行程尽可能地短，还要考虑使加工过程中产生热量的影响尽可能地小，减小热变形或由于过热而引起的板材报废。如图 4-4 所示，图 4-4 中没有考虑热效应对切割路径的影响，虽然切割路径较短，但是不能获得较好的加工质量；而图 4-5 中考虑了热效应对切割路径的影响，减小了热变形，保证了良好的加工质量。

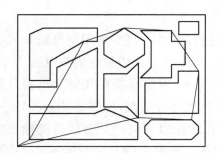 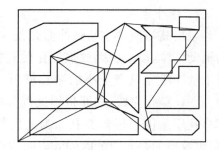

图 4-4 未考虑热效应影响的切割路径　　图 4-5 考虑热效应影响的切割路径

综上所述，激光切割的工艺要素包括很多方面。在激光切割加工过程中，切割路径和切割速度将决定切割加工的时间。在切割速度一定的情况下，激光切割路径的选取将直接影响切割加工的时间，从而影响切割加工的效率。

第四节　激光切割钢板的若干
工艺问题分析

一、　激光切割穿孔工艺

任何一种热切割技术，除少数情况可以从板边缘开始外，一般都必须在板上穿一小孔。原来在激光冲压复合机上是用冲头先冲出一孔，然后再用激光从小孔处开始进行切割。对于没有冲压装置的激光切割机有两种基本的穿孔方法[20],[58]：

1. 爆破穿孔

材料经连续激光的照射后在中心形成一凹坑，然后由与激光束同轴的氧气流快速将熔融材料去除形成孔。一般孔的大小与板厚有关，爆破穿孔平均直径为板厚的一半，因此对较厚的板爆破穿孔孔径较大，且不圆，不宜在要求较高的零件上使用（如石油筛缝管），只能用于废料上。此外由于穿孔所用的氧气压力与切割时的压力相同，飞溅较大。

2. 脉冲穿孔

采用高峰值功率的脉冲激光使少量材料熔化或汽化，常用空气或氮气作为辅助气体，以减少因放热氧化使孔扩大，气体压力较切割时的氧气压力小。每个脉冲激光只产生小的微粒喷射，逐步深入，因此厚板穿孔时间需要几秒钟。一旦穿孔完成，立即将辅助气体换成氧气进行切割，这样穿孔直径较小，其穿孔质量优于爆破穿孔。为此所使用的激光器不但应具有较高的输出功率；更重要的是光束的时间和空间特性，因此一般横流 CO_2 激光器不能适应激光切割的要求。此外脉冲穿孔还需要有较可靠的气路控制系统，以实现气体种类、气体压力的切换及穿孔时间的控制。

二、　切割加工小孔变形情况的分析

大功率激光切割机在加工小孔时不是采取爆破穿孔的方式，而是用脉冲穿孔（软穿刺）的方式，这使得激光能量在一个很小的区域过于集中，将非加工区域也烧焦，造成孔的变形，影响加工质量。只需在加工程序中将脉冲穿孔（软穿刺）方式改为爆破穿孔（普通穿刺）方式就可以解决此问题。而对于较小功率的激光切割机则恰好相反，在小孔加工时应采取脉冲穿孔的方式才能取得较小的表面粗糙度。

三、　激光切割钢板时穿刺点的选择

激光切割加工时激光束的工作原理是：在加工过程中，材料经连续激光的照射后在中心形成一凹坑，然后由与激光束同轴的工作气流很快将熔融材料去除形成一孔。此孔类似于线切割的穿线孔，激光束以此孔为加工起始点进行轮廓切割，通常情况下飞行光路激光束的走线方向和被加工零件切割轮廓的切线方向垂直。

因此，激光束在开始穿透钢板时到进入零件轮廓切割的这一段时间，其切割速度在矢量方向上将有一个很大的改变，即矢量方向的 90°旋转，由垂直于切割轮廓的切线方向转为与切割轮廓的切线重合，即与轮廓切线的夹角为 0°。这样就会在被加工材料的切割断面上留下比较粗糙的切割面，这主要是在短时间内，激光束在移动中的矢量方向变化很快所致。因此我们在用激光切割加工零件时就要注意这方面的情况。一般在设计零件对表面切割断口没有粗糙度要求时，可以在激光切割编程时不做手动处理，让控制软件自动产生穿刺点；但是，当设计对所要加工的零件切割断面有较高粗糙度要求时，就要注意到这个问题，通常需要在编写激光切割程序时对激光束的起始位置做手动调整，即人工对于穿刺点进行控制。应该把激光程序原来产生的穿刺点移到所需要的合理位置，以达到对加工零件表面精度的要求。

如图 4-6 所示，如果此零件对圆弧有精度要求，在编制激光切割程序时，切割起始点（穿刺点）就要设置在 A 和 C 点，而不能设置在 B 和 D。而如果此零件只对直线边的精度有要求，那我们在编制激光切割程序时，切割起始点（穿刺点）就要设置在 B 和 D，而不能设置在 A 和 C 了。

同样的，如图 4-7 所示，如果此零件外形设计对圆弧有精度要求，在编制激光切割程序时，切割起始点（穿刺点）就只能设置在 D，而如果此零件只对直线边的精度有要求，那在编制激光切割程序时，切割起始点（穿刺点）就可以选择除了 D 点以外的任何点了。

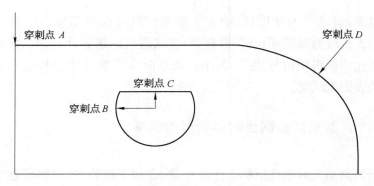

图 4 - 6　激光切割穿刺点的设置之一

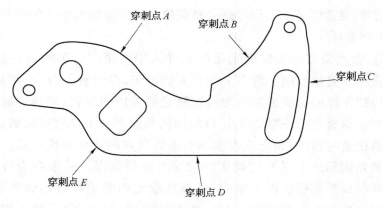

图 4 - 7　激光切割穿刺点的设置之二

第五节　常用工程材料的激光切割

一、　金属材料切割

1. 碳钢[3]

通常,10 mm 以内碳钢可良好地进行氧助熔化激光切割,切缝也窄。板厚最小可至 0.1 mm 上下,其热影响区,特别对低碳钢,几乎可不予考虑。碳钢的切缝光滑、清洁和平整,垂直度好。低碳钢内磷、硫偏析区的存在会引起切边的熔蚀。所以,含杂质的优质钢(如冷轧板)的切边质量优于热轧钢。

稍高的含碳量可略为改善碳钢的切边质量,但其热影响区有所扩大。

镀锌或涂塑薄钢板(板厚 0.5~2.0 mm),激光切割速度快,省材料,也不会引起变形。切缝附近热影响区小,近缝区锌或塑料涂层不受影响。

影响低碳钢切割性能的因素包括板厚、激光功率、切割速度和工件与光束焦点的间距。当板厚在 1.6~6.0 mm 范围,光束焦点刚位于工件表面以及氧气压力恒定保持在 140 kPa 的条件下,根据激光功率和切割速度变化,观察低碳钢切割质量,可分为以下三个区:

(1) 精细切割区;切面光滑,无粘渣。

(2) 轻微粘渣区;熔渣轻微粘着,一经轻擦即可除去。

(3) 牢固粘渣区;熔渣被牢固粘着,处于不能切割的边缘。

图 4-8 所示为激光切割低碳钢板时切割参数间的关系。可见,随着功率密度的提高,切割速度和可切割板厚均可增加。如所切割的板厚增加,则应采用较大直径的喷嘴和较低的氧气压力,以防止烧坏切口边缘。

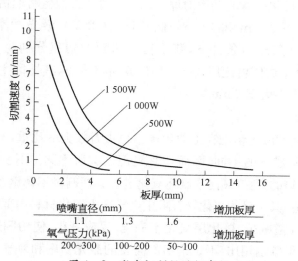

图 4-8　激光切割低碳钢参数

采用 CO_2 激光切割低碳钢板的最大切割厚度可用下面方法近似估算:

激光功率在 100~1 500 W 范围内,激光功率的瓦数除以 100,即为最大切割厚度的毫米数。

图 4-9 表示低碳钢的上限切速(开始粘渣的速度)和激光功率在板厚不大于 6 mm 范围内的对数函数关系。按此实验值可推出经验公式:

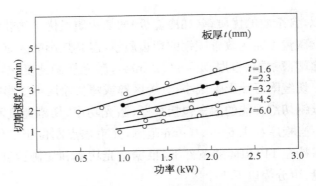

图 4-9　不同板厚低碳钢切割速度随功率密度的变化

$$v = 3.5t^{-0.56}P^{1.4} \qquad (4-1)$$

式中　v——上限切割速度(m/min)；

　　　t——板厚(mm)；

　　　P——激光功率(kW)。

利用上式，可根据激光功率对厚 6 mm 以内低碳钢粗略地估计精细切割的切割速度；对板厚 9 mm 和 12 mm 低碳钢，在 2 kW 激光功率和 0.17 MPa (1.7 kgf/cm²)氧气压力条件下，获得精细切割的切速分别为 1.2 m/min 和 1.0 m/min。这个数值要比用式(4-1)计算所得值小，其原因主要在于此公式适用的板厚范围不大于 6 mm。

2. 不锈钢[3]

不锈钢薄板的激光切割在工业生产中也占有较大的比重，不锈钢和低碳钢的主要区别是其成分的不同，因而切割机理也有所不同。不锈钢含有 10%～20%的铬，由于铬的存在，倾向于破坏氧化过程。切割时不锈钢中的铁和铬均与氧发生放热反应，其中铬的氧化物有阻止氧气进入熔化材料内部的特性，而使进入熔化层的氧气量减少，熔化层氧化不完全，反应减少，使切割速度降低，如图 4-10所示。与低碳钢相比，不锈钢切割需要的激光功率和氧气压力都较高，而且，不锈钢切割虽可达到较满意的切割效果，但却很难获得完全无粘渣的切缝。

利用惰性气体作为辅助气体切割不锈钢可获得无氧化切边，直接用来焊接，但其切割速度与氧作辅助气体相比要降低 50%左右。

影响不锈钢切割质量最重要的工艺参量是切割速度、激光功率、氧气压力和焦长。图 4-10 所示为激光切割不锈钢的参数。图 4-11 分别表示激光功率、切割速度和氧气压力对 2 mm 厚的 304 不锈钢切割质量的影响。

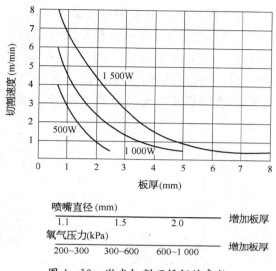

图 4-10　激光切割不锈钢的参数

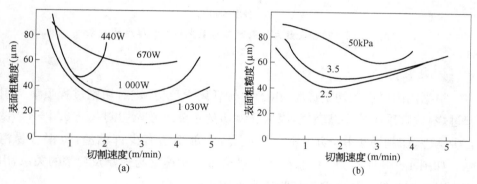

图 4-11　工艺参数对不锈钢切割质量的影响

（a）激光功率（氧气 150 kPa）；（b）氧气压力（功率 1.1 kW）

3. 铝合金[3]

由于铝合金对波长为 10.6 μm 的 CO_2 激光有高的反射率和热导率,因此铝合金的起切十分困难,其激光切割需要比钢更高的激光束能量密度来克服阈值,形成初始空洞开始切割过程,一旦这种汽化空洞形成,它就像钢一样对激光有极大的吸收率。为了改善铝表面的吸收,可打磨其起始切割表面使之变粗糙、涂吸光材料等,也可从预先钻孔处或边缘起切。铝合金切割时也用辅助气体,主要用来从切割区吹掉熔融产物,但并不需要靠它来发生放热化学反应取得附加热量,属于熔化切割机制,通常可获得较好的切割质量。有时熔渣也会沿着切边粘附在切缝背面,但这种粘附物很易去除。

对铝合金激光切割的研究表明,每一材料厚度都存在一个临界焦长。当实际焦长小于这个值时,切割将不能进行。同时,也存在一个最佳焦长值,当实际焦长与它相同时,可获得最大切割速度。

与切割低碳钢相比,在同样的激光功率下,铝合金的切割速度和可切板厚较低,如图 4 - 12 所示。

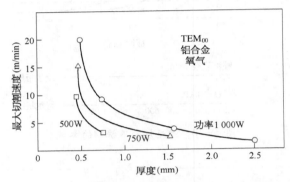

图 4 - 12 铝合金最大切割速度与激光功率和厚度的关系

4. 钛合金[3]

根据国内已有的切割经验,由于钛与氧化学反应激烈,切割过程喷氧易引起过烧,故宜采用喷压缩空气,以保证钛切割质量。激光切割 Ti - 6Al - 4V 钛合金构件,切割速度快,切边不需要抛光,底部切边有少许粘渣,也很容易清除。如图 4 - 13 所示为 Ti - 6Al - 4V 钛合金切割速度与板厚及功率的关系,用 CO_2 激光切割钛合金的典型切割速度见表 4 - 1。

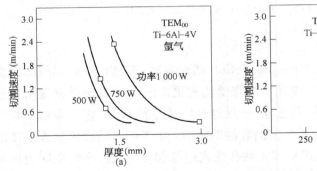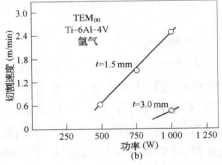

图 4 - 13 Ti - 6Al - 4V 钛合金切割速度随厚度及激光功率的变化

(a) 厚度;(b) 功率

表 4-1　CO$_2$ 激光切割钛合金的典型切割速度

板厚(mm)	激光功率(W)	切割气体	切割速度(m/s)
1.6	500	氩气	0.025
2.2	500	氩气	0.025
2.2	500	氧气	0.033
6.4	500	氧气	0.017
6.4	1 000	氧气	0.033
2.5	1 000	氧气	0.10

5. 铜合金和镍基合金[3]

铜与铝相似,对 CO$_2$ 激光具有高反射率并具有高的热导率,纯铜由于具有很高的反射率,用 CO$_2$ 激光切割的速度很慢。黄铜(铜合金)切割时要采用较高的激光功率,辅助气体采用空气或氧。采用 CO$_2$ 激光氧助熔切割的典型的切割速度见表 4-2。采用高重复频率增强脉冲 CO$_2$ 激光能较好切割铜合金。

表 4-2　CO$_2$ 激光氧助熔切割的典型的切割速度

材　料	板厚(mm)	激光功率(W)	切割速度(m/s)
纯铜	1	1 500	0.025
纯铜	2	1 500	0.008
纯钢	1	1 000	0.017
黄铜	1	1 500	0.005
黄铜	2	1 500	0.025
黄铜	1	1 000	0.033

对镍基合金也可以进行激光切割,随合金成分的不同,切割速度大约为切割同等厚度不锈钢的切割速度的 0.5～1.0 倍。

二、　非金属材料切割[3,6,9]

非金属材料是 10.6 μm 波长 CO$_2$ 激光束的良好吸收体,由于其热导率小,热量的传导损失很小,几乎能吸收全部入射光束能量,并很快使材料蒸发,在光斑照射处形成起始孔洞,进入切割过程的良性循环。

1. 有机材料切割

(1) 木材切割。激光切割木材有两种不同的基本机制:瞬间蒸发和燃烧。激光切割木材的机制取决于切割时功率密度值大小。瞬间蒸发是木材切割较理想的切割机制,木材在聚焦激光束照射下蒸发除去,形成切缝。在此过程中,材料切割速度快,热量传输不到未切割基材,剖面无炭化,仅有轻微发暗和釉化。而切割的燃烧机制源自光束功率密度不足,是一种不理想的切割过程,其表现为切割速度慢。单位材料切割所费的能量要比蒸发机制增加 2~4 倍,并且切边有炭化。实际的木材切割过程,差不多在蒸发的同时都伴有燃烧过程发生,这是因为蒸发机制虽具有高效能的优点,但需要高的激光功率密度。而实际的激光照射过程,由于受激光输出功率或光束模式的影响,在材料光照表面总有部分区域的光束功率密度低于蒸发所需的功率密度值。木材切割也需要有与光束同轴的辅助气流,一般为压缩空气。

激光切割木材的切割质量比常规方法好,切面质量上的粗糙、撕裂或绒毛木纹现象并不明显,只是切割面有一薄炭化层。层压模切板用激光切割缝口是连续 CO_2 激光切割工业应用的成功例子。家具业用 1.7 kW 功率激光切割厚达 38 mm 木板的速度可达 1.0 m/min,且没有割边,节省了大量材料。另外,还可利用激光束进行木材雕刻。

(2) 塑料切割。利用激光的高能量密度汽化胶合剂,迅速破坏聚合体材料的聚合链,从而实现对塑料的激光切割。低熔热塑料切割只要控制工艺,就可获得无毛刺的底边,切缝光滑、平整。对于高强度塑料,由于需要较高的单位光能强度以破坏其强聚合链,切割中经常会有燃烧发生,使切边产生不同程度的炭化。切割像聚氯乙烯一类材料应注意防护切割过程中燃烧产生的有害气体。

新的轻质纤维增强塑料用通常的切割工具很难加工,可在层叠固化前用激光切割薄片(厚度为 0.5 mm 左右)。但对固化后的厚断面工件,特别像硼和碳纤维一类材料,由于切边易引起炭化、分层和热损伤,激光切割也较困难。

(3) 橡胶切割。聚焦激光束可以容易地汽化、切断天然橡胶和合成橡胶,并能精确地把垫圈类工件切割成形。

正确控制切割速度还可实施对纤维或钢芯加强橡胶的顺利割断。由于没有像常规切割时切割工具对工件的接触冲击,激光切割橡胶时无需担心工件的延伸和变形。由于切割速度高,切边附近不会发生硫化作用。但是,在切割时要防止切边发粘,对某些材料特别是含碳黑的材料,切割后要及时清理切边边缘的炭化。

(4) 其他有机材料切割。纸制品、皮革以及天然和合成织物都能方便地用激光切割。由于这些材料一般都不厚,加上它们强的燃烧能力以及选用的激光器输出功率都不过几百瓦,因而切割后的切边清洁,没有碎屑。

2. 无机材料切割

(1) 石英切割。由于石英的线膨胀系数较低,因而对激光切割适应性好。虽然切缝附近有个浅热影响区,但切边质量好,无裂纹,切面光滑,不需再进行辅助清理,切割厚度可达 10 mm,切割速度比锯切加工高两个数量级,且工件不承受任何冲击力。在卤素灯制造业已用激光切割代替金刚石锯切,切割时没有尘埃,切边封接性好。切缝窄,如激光切割外径 8～13 mm 的石英管,切缝宽仅 0.5 mm,而机械切缝达 1.5 mm,从而可节省材料。

(2) 陶瓷切割。导热性差和几乎没有塑性的陶瓷材料,一般的冷、热加工都很因难。激光切割陶瓷与氧助切割金属材料的机制明显不同,它属于可控导向断裂。当激光束顺着预定的切割方向加热时,在光点周围很小区域引起定向的加热梯度和随之生成的高机械应力。这种高应力使陶瓷这类脆性材料形成小裂缝。只要工艺参数选择并控制恰当,裂缝将严格沿着光束移动方向不断形成,从而把材料切断。如微电子装置用的刚玉材料,用 250 W 功率的激光束就能精确地在指定部位切出要求尺寸,切割后无质点撕裂,也不需要后续处理。

图 4-14 表示切割 1 mm 厚的 Al_2O_3 陶瓷片时激光输出材料与切割速度的关系。陶瓷切割采用较小激光输出功率进行。在不同功率控制下,切割速度可在较宽范围选择。试验表明,在连续 CO_2 激光束条件下,切勿采用高功率,否则,将导致材料无规则龟裂而使切割失败。

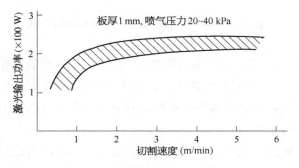

图 4-14　Al_2O_3 型陶瓷材料切割与激光输出功率关系

用于涡轮发动机上的硬脆陶瓷(如氮化硅),其激光切割速度要比砂轮切割高 10 倍,它既无刀具损耗,也可切出任何形状。

(3) 有机玻璃切割。透明有机玻璃由纯聚甲基丙烯酸制成,在激光切割时,汽化为甲基丙烯酸甲脂。如果吹走汽化物的空气流的压力足够低(10 kPa),则切口可以很清澈。如果气流压力较高,将在熔融材料中形成涡流,使熔融材料固化在切口上。在这种情况下,沿着切口上部 1 mm 左右可以看到白色不透明的带。采用大直径喷嘴(2 mm)容易得到低速气流,但空气压力过低将导致甲基丙烯酸着火燃烧,在切割区由此火焰产生的热量将烧坏工件甚至使工件燃烧起来。图 4-15 所示为用 500 W CO_2 激光切割时的切割速度和厚度的关系,可以看出,激光切割有机玻璃的速度很高。切割不透明有机玻璃时,切割速度可能下降 20%,因为它们是聚甲基丙酸甲酯和填料的复合物。填料通常为有机物,切割中以尘埃的形式排出。某些白色有机玻璃填料含量最高,从而提高了切割温度,以致有可能将切口炭化。由于聚合物分解和气泡在切口上滞留,激光切割降低了有机玻璃的抗拉强度。若要承受载荷或翘曲,则必须去除切口痕迹。但大多数激光切割的有机玻璃都用作显示牌,没有强度要求,在这方面激光切割取得了很大的成功。

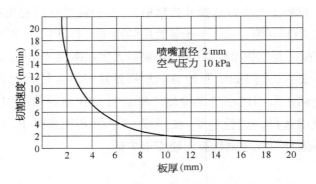

图 4-15   500 W CO_2 激光切割有机玻璃参数

(4) 其他玻璃切割。虽然在适当的预热措施下,某些低膨胀系数材料如硼硅酸盐玻璃可在激光束瞬间加热下通过蒸发和用辅助气体从切割区吹走熔融玻璃过程实施切割,但对大多数类型的玻璃来说,受激光热冲击后容易产生裂纹,一般不适宜用激光切割。

另外,对于花岗石、混凝土、岩石和不同类型的矿石,因其材料中含有的水分、湿气由于激光束瞬间快速加热引起的爆炸会导致开裂,这类材料一般也不适宜用激光切割。

三、　复合材料切割[6,9]

复合材料是由两种或两种以上不同材料经过适当工艺方法组合成的多相材料。复合材料有不同类型，即有不同的组合。对性质相同的两种或多种材料组合，一般激光切割并不困难。对两种切割性能完全不同的材料组合，总的原则是先切割具有较好切割性能的材料的那一面，这样比较容易获得好的切割质量。当然，如果把两种切割性能截然不同的材料，其中甚至包括不能切割的材料组合在一起，就会是另一种切割结果。

新型轻质加强纤维聚合体复合材料很难用常规方法进行加工。利用激光无接触加工的特点可以对固化前的层叠薄片（厚 0.5 mm 左右）进行高速切割修剪、定尺，在激光束加热下，薄片边缘被融合，避免了纤维屑生成。

对完全固化后的厚工件，尤其是硼纤维和碳纤维合成材料，激光切割要注意防止切边可能会有炭化、分层和热损伤发生。

和塑料切割一样，合成材料切割过程中要及时排除废气。

激光切割复合材料的一个典型的应用实例就是切割电缆外包绝缘体。在电线电缆工业中，为了连接电缆或从废电线上回收缆心，需要除去电缆外包塑料层。利用铜芯对激光的高反射率和它本身的高热导率，在激光束照射下，铜缆的外包绝缘层可很方便地切去，而铜芯本身因不能被切割而保存下来。

第五章

激光切割质量评价及影响因素

关于激光切割质量评定标准，目前国内尚无统一标准，国外各个国家和地区也不完全一致，而且每个激光设备公司的评定标准也有差异。本章仅从技术上讨论激光切割质量评价及影响因素，包括激光切割的尺寸精度评价、切口质量评价以及三维激光切割质量的评定，同时给出德国 TRUMPF（通快）公司制定的激光切割质量评估标准，本章最后讨论激光切割的现状、存在的问题和安全防护及其国家标准等。

第一节　激光切割的尺寸精度评价

激光切割的尺寸精度是由切割机数控机床性能、光束质量、加工现象决定的整体精度，包括定位精度及重复精度等静态精度和表示随切割速度变化的加工形状轨迹精度，即动态精度。光束质量对加工精度的影响来自于光束的圆度、强度的不均匀性以及光轴的紊乱。加工现象决定的精度与氧化反应热混乱产生的异常燃烧、热膨胀、切割面粗糙、材质等被加工件的物性有关。在一般材料的激光切割过程中，由于切割速度较快，工件的热变形很小，通过对设备的精确调试和必要的程序补偿，光束质量和加工现象对加工尺寸精度影响可以降低到较小的程度，此时切割工件的尺寸的精度主要取决于切割机数控工作台的机械精度和控制精度。

在脉冲激光切割加工中，采用高精度的切割机床与控制技术，工件的尺寸精度可达 μm 量级。在连续激光切割中，工件尺寸精度一般在 ±0.2 mm，高的可达到 ±0.1 mm。

简单分析激光切割机状态的方法[6]是在加工平台的四角和中央五个位置，分别切割如图 5-1 所示的八角形加一个内圆形状的试件，该试件为 2 mm 厚的普通冷轧钢板。加工形状：边长 100 mm，圆孔直径 30 mm。测量位置：A、

B、C、D 四个位置的对边线之间的长度以及 A'、B'、C'、D' 四个位置的直径。检验标准:对边线之间长度的误差≤0.07 mm,直径误差≤0.06 mm。采用八角形可以确认全方位切割的方向性,并且不会因受热集中而造成切割质量恶化。我们可从对边尺寸(A, B, C, D)、圆度(A', B', C', D')、切割面粗糙度和倾斜度等方面来评估试件样品。为了更加简单地判断加工精度,可将激光切割机维修后加工的同样试件作为极限样本进行保存,定期确认切割精度。

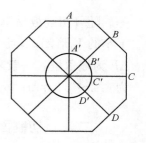

图 5-1 确认激光切割机性能的实例

第二节 激光切割的切口质量评价

激光切割切口的质量要素如图 5-2 所示,主要包括切口宽度、切割面粗糙度、切割面的倾斜角、热影响区和粘渣等几个方面。

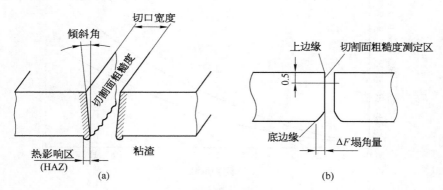

图 5-2 激光切割的切口质量要素

(a) 上宽下窄的 V 形闭口;(b) 塌角量

一、 切口宽度

激光切割金属材料时的切口宽度,与光束模式和聚焦后的光斑直径有很大的关系。CO_2 激光束聚焦后的光斑直径一般在 0.15～0.3 mm 之间。激光切割低碳钢板时,焦点一般设在工件上表面,其切口宽度与光斑直径大致相等。随着切割板材厚度的增加,切割速度下降,就会形成如图 5 - 2a 所示上宽下窄的 V 形闭口,且上部的切口宽度也往往大于光斑直径,图 5 - 2b 所示的 ΔF 为塌角量。一般来说,在正常切割时,CO_2 激光切割碳钢时的切口宽度约为 $0.2 \sim 0.3$ mm。

二、   切割面粗糙度

图 5 - 3 所示为采用单光束模式脉冲切割不同板厚低碳钢时的切割面粗糙度。切割面的粗糙度几乎与板厚的平方成正比,而且在切割面下部这种倾向更为明显。影响切割面粗糙度的因素较多,除了光束模式和切割参数外,还有激光功率密度、工件材质和厚度等。对于较厚板料,沿厚度方向切割面的粗糙度存在较大差异,一般上部小,下部大。采用聚光性高的短焦距透镜和尽量高的切割速度,有利于改善切割面的粗糙度。

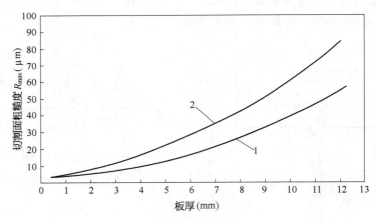

图 5 - 3   切割不同板厚碳钢的切割面粗糙度

1—切割面上部粗糙度;2—切割面下部粗糙度

三、   切割面倾斜角

在激光切割金属和非金属材料时,切口形成的机理不同,切割面形状也不同,如图 5 - 4 所示。图 5 - 4a 表示了切割金属材料时切口内的激光传播特性。激光在切口壁之间多次反射后,向板厚方向传播的能量逐渐减弱,靠近中心部

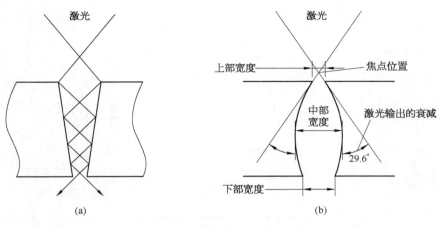

图 5-4　切口的形状

（a）金属材料切口；（b）非金属材料切口

位的激光才能达到足够的功率密度。图 5-4b 表示了切割非金属材料时切口内的激光传播特性。在切口壁上几乎没有激光反射,焦点下方的切口形状随光束的扩展而膨胀,但随着板厚方向输出能量的减弱,切口宽度会变窄。工件切割实验表明,切割面倾角的大小同激光功率密度、焦点位置、切割方向、切割速度等因素有关,但一般都在 1°以内,基本上看不出明显的倾角。

四、　热影响区

在激光切割钢材过程中,切割面温度处于被切割材料熔点以上,光束离开后就会迅速冷却(工件本身的热传导)。由此造成钢材一部分呈现淬火状态,激光切割部分就无法进行钻孔等后续加工,如果在切割部分进行弯曲加工,则会出现龟裂现象。淬火硬度与材质的含碳量成比例,所以低碳钢材质不硬化,而中高碳钢材料则会完全硬化。

如图 5-5 所示是切割 6 mm 厚的 SS400 和 SK3 板材时,从切割面一侧测定板材中央部分硬度的结果。可见 SS400 几乎没有硬化,而 SK3 在切割面附近大致达到 800 HV 的硬度,在距切割面 0.15 mm 左右才与基体材料硬度大致相同。

图 5-6 表示了 SK3 切口截面上板厚上部 H_u、中央部分 H_m、下部 H_d 位置的硬化层(200 HV 以上)的厚度。切口左右的硬化层对称均匀,从被加工件上部到下部逐渐增加。这是因为熔融金属从上部向下部流动,越靠近下部高温熔融金属滞留的时间就越长。

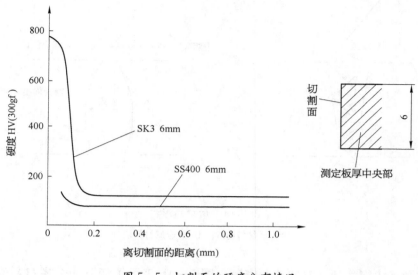

图 5-5　切割面的硬度分布情况

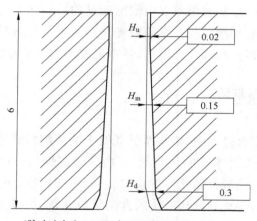

（脉冲功率为 350 W，加工速度为 300 mm/min）

图 5-6　热影响区的分布

五、　粘渣

粘渣是指激光切割中在被加工件背面切口附近附着的熔融金属飞溅物。如图 5-7 所示，粘渣的出现受切割条件、被加工件的材质、材料厚度等因素影响。对于碳钢,如果设定的加工条件适当,就很少发生粘渣的现象,如图 5-7a 所示。在厚板切割时会出现粘渣,但很容易清除。氧助熔切割不锈钢板时.很难避免粘渣的发生,而且产生的粘渣也很硬,很难清除,如图 5-7b 所示。但板厚大于 6 mm 时,被氧化的粘渣有变脆的倾向。用氮气进行无氧切割不锈钢板时,可大幅降低粘渣量。

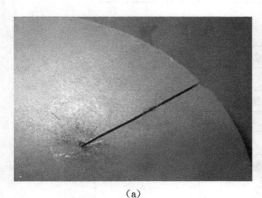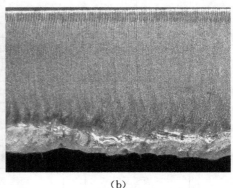

（a）　　　　　　　　　　　　　　　（b）

图 5-7　激光切割中的割缝与断面的粘渣

（a）激光切割的割缝；（b）割缝断面及粘渣

通常在激光切割薄板时,切口宽度、切剖面粗糙度等容易满足要求,而用户最关心的是切口上的粘渣。但粘渣是一个难以量化的指标,主要通过肉眼观察切口粘渣的多少来判断切割质量的好坏。

第三节　影响激光切割质量的因素

影响激光切割质量的因素很多,除了切割参数和工件本身特性的影响以外,还同照射功率密度、外光路系统、喷嘴直径和喷嘴与工件表面的间距等影响因素有关。综合国内外大量的理论研究和实验分析,影响激光切割质量的主要因素可以分为两类:

（1）加工系统性能和激光性能;

（2）加工材料因素和工艺参数。

影响激光切割质量的因素具体如图 5-8 所示。在影响激光切割质量的诸多因素中,有的是由加工工作台本身确定的,如机械系统精度、工作台振动程

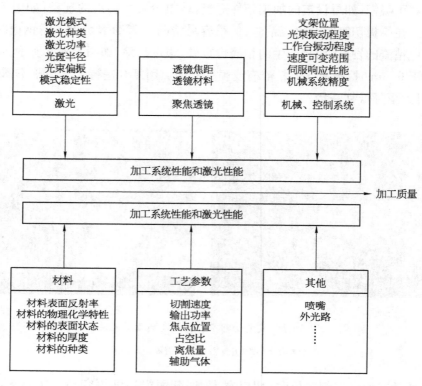

图 5-8　影响激光切割质量的诸多因素

度等；有的是材料固有的因素，如材料的物理化学性质、材料的反射率等；还有一些因素是要根据具体的加工对象以及用户质量的要求作出选择，进行相应的调整，来确定相关的参数，如输出功率、焦点位置（即离焦量）、切割速度以及辅助气体等。因此，对于一个完整的系统，必须对其可调因素与加工质量之间的关系进行深入的研究，建立相关的数据库。

一、　激光功率对切割能力和质量的影响

激光切割的质量主要包括几个方面：尺寸精度、切口宽度、切割面的粗糙度和热影响区的宽度及硬度。

激光功率越大，所能切割的材料厚度也越厚；但相同功率的激光，因材料不同，所能切割的厚度也不同。表 5-1 给出了各种功率的 CO_2 激光切割某些金属材料的实用最大厚度。

表5-1 激光功率与切割金属的实用最大厚度

CO_2 激光功率(W)	实用最大切割厚度(mm)				
	碳素钢	不锈钢	铝合金(A5052)	铜	黄铜
1 000	12	9	3	1	2
1 500	14	—	6	约3	约4
2 000	22	12	—	5	5
3 000	25	14	10	5	8
15 000	80	55	—	—	—

CO_2 激光切割不同板厚不同材料时的激光功率与切割速度的关系如图5-9所示。可见,功率与板厚的比值同切割速度成正比关系。在相同的激光功率条件下,激光氧气切割的速度比激光熔化切割要快很多。

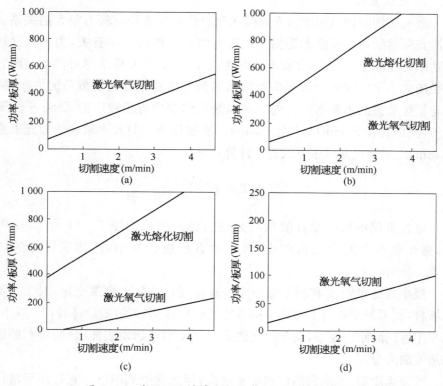

图5-9 对于不同材料激光功率与切割速度的关系

(a)低碳钢;(b)不锈钢;(c)钛;(d)PVC塑料、木材、有机玻璃

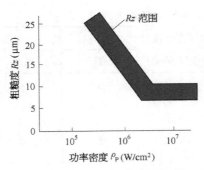

图 5-10　激光功率密度与切割面
粗糙度 Rz 的关系(激光功率 1 kW)

在激光切割加工中,照射到工件上的激光功率密度 ρ_P(W/cm^2)和能量密度 ρ_E(J/cm^2)对激光切割过程起着重要的影响。激光功率密度 ρ_P 与切割面粗糙度的关系如图 5-10 所示,随着激光功率密度的升高,粗糙度降低。当功率密度 ρ_P 达到某一值(3×10^6 W/cm^2 左右)后,粗糙度 Rz 值不再减少。

二、　激光束的质量

1. 光斑直径

激光切割的切口宽度同光束模式和聚焦后的光斑直径有很大的关系。由于激光照射的功率密度和能量密度都与激光光斑直径 d 有关,为了获得较大的功率密度和能量密度,在激光切割加工中,光斑尺寸要求尽可能小。而光斑直径的大小主要取决于从振荡器输出的激光束直径及其发散角的大小,同时还与聚焦透镜的焦距有关。对于一般激光切割中应用较广的 ZnSe 平凸聚焦透镜,光斑直径 d(mm)与焦距 f(mm)、发散角 θ(rad)及未聚焦的激光束直径 D(mm)之间的关系可按下式进行计算:

$$d = 2f\theta + \frac{0.03D^3}{f^2}$$

激光束聚焦状况及发散角与光斑直径的关系如图 5-11 所示,由图可知,激光束本身的发散角较小,光斑的直径也会变小,就能获得好的切割效果。

减小透镜焦距 f 有利于缩小光斑直径,但 f 减小,焦深变短,对于切割较厚板材,就不利于获得上部和下部等宽的切口,影响割缝质量;同时,f 减小,透镜与工件的间距也缩小,切割时熔渣会飞溅粘附在透镜表面,影响切割的质量和透镜的寿命。

透镜焦距短,光束聚焦后功率密度高,但焦深受到限制。它适用于薄件高速切割,只需注意控制透镜和工件的间距恒定。长焦透镜的聚焦光斑功率密度较低,焦深长,可用来切割厚断面材料。

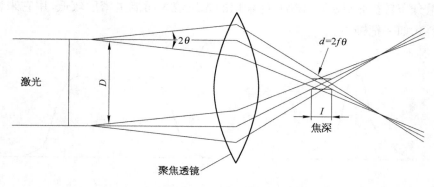

图 5-11 激光束聚焦状况及发散角与光斑直径的关系

透镜焦长与聚焦光斑及焦深的关系如图 5-12 所示。从图可见,焦长短,聚焦光斑小;焦长长,聚焦光斑也大。焦深变化也如此,当透镜焦长增加,使聚焦光斑尺寸增加一倍,即从 Y 到 $2Y$ 时,焦深可随之增加到 4 倍,即从 X 到 $4X$。

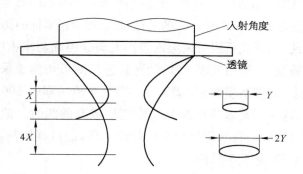

图 5-12 透镜焦长与聚焦光斑及焦深的关系

对于实际切割应用来说,最佳的光斑尺寸还要根据被切割材料的厚度来考虑。如用同一输出功率激光束切割钢板,随着板厚增加,为了获得最佳切割质量,光斑尺寸也应适当增大。

2. 光束模式

光束模式与它的聚焦能力有关,与机械刀具的刀口尖锐度有点相似。基模即最低阶模(TEM_{00}),光斑内能量呈高斯分布,如图 5-13a 所示。它几乎可把光束聚焦到理论上最小的尺寸,如直径几个微米,并形成陡尖的高能量密度。光束端面能量分布示意如图 5-13 所示。而高阶(高阶模或多模)光束的能量分布较扩张(图5-13b),经聚焦的光斑较大而能量密度较低,用它来切割材料犹如一把钝刀。

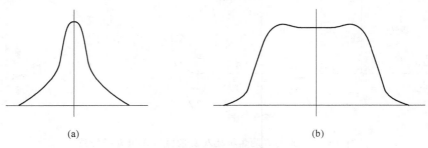

(a)　　　　　　　　　　　　　　　(b)

图5-13　光束端面能量分布示意图

(a)基模;(b)多模

模式涉及腔内激光沿着平行于腔轴一个或多个通道振荡的能力。基模,意味着激光仅沿腔轴发生,在输出总功率相同情况下,基模光束焦点处的功率密度比多模光束的高两个数量级。一个千瓦级基模光束用63.5 mm焦长远镜在焦点处可获功率密度为$10^8 \sim 10^9$ W/cm^{2}的光斑,足以把像钨那样的高熔点金属汽化。

对切割来说,基模光束因可聚焦成较小光斑获得高功率密度,而比高阶模光束有利。试验表明,采用基模CO_2激光器进行薄板切割比采用多模激光器的质量要好很多,即使基模激光功率(500 W)比多模功率(1 500 W)低很多时,切缝也小很多,这主要是基模时激光功率密度较高的缘故。但用它来切割材料,可获得窄的切缝、平直的切边和小的热影响区,而且其切割区重熔层最薄,下侧粘渣程度最轻,甚至不粘渣。

光束的模式越低,聚焦后的光斑尺寸越小,功率密度和能力密度越大,切割性能也就越好。在低碳钢的切割场合,采用基模TEM_{00}时的切割速度比采用TEM_{01}模式时的高出10%,而切割面的粗糙度Rz则要大10 μm,如图5-14所示。在最佳切割参数时,切割面的粗糙度Rz只有0.8 μm。如图5-15所示为激光切割SUS304不锈钢板时不同模式对切割速度的影响,从中可以看出,采用功率为500 W的基模激光的切割速度为200 cm/min,而同样功率的复式模激光切割速度只有100 cm/min。

因此,在金属材料的激光切割中,为了获得较高的切割速度和较好的切割质量,一般使用了TEM_{00}模式的激光,复式低价模激光仅用于某些非金属材料的切割。

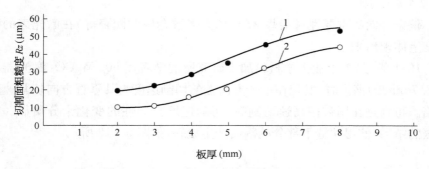

图 5-14　光束模式对切割面粗糙度的影响

1—TEM$_{01}$模式；2—TEM$_{00}$模式

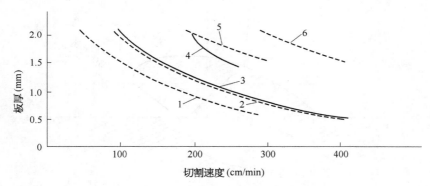

图 5-15　不同光束模式的切割速度比较

（材料为厚 2 mm SUS304 不锈钢）

1—300 W 复式；2—500 W 复式；3—300 W 单式；4—500 W 单式；

5—800 W 复式；6—1 000 W 复式

—单式（TEM$_{00}$）；----复式（TEM$_{01}$）

3. 光束偏振性

几乎所有用于切割的高功率激光器都是平面偏振，也就是在发射光束内电磁波都在同一平面内振动。电磁波在垂直于工件的平面或表面内振动，对能量耦合效应的差别较小。在表面处理和焊接领域，光束的偏振问题并不重要。但在切割过程中，光束在切割面上不断反射，如果光束沿着切缝方向振动，光束能被最好地吸收。

光束偏振与切缝质量密切相关。在实际切割中发生的缝宽、切边粗糙度和垂直度变化都与光束偏振有关。与其他任何形式的电磁波传输一样，激光束具有电和磁的分矢量，它们相互垂直并与光束前进方向成直角。在光学领域，传统上以电矢量的方向作为光束偏振方向。

　　偏振方向的重要性对某些材料(如大多数金属和陶瓷等)在激光束的吸收程度上体现出来。

　　1981年,丹麦工业大学材料加工研究所的学者用 500 W CO_2 激光器切割的 0.7 mm 的钢板时,发现在一个方向上的切割速度为其垂直方向切割速度的两倍。特别是在用数控高速切割时,切割速度方向性的变化十分明显。由于偏振的结果,使得切缝下部分的割面产生偏斜,如图 5-16 所示。

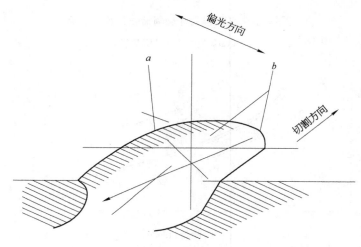

图 5-16　线偏振所引起的切口偏斜

a,*b*—切割激光束的直径方向

　　如图 5-17 所示为光束偏振位向与切割质量的关系,切割工件运行方向与光束偏振方向平行,会使产生狭窄、平直切边。当工件运行与光束偏振面成一角度时,能量吸收减少,最佳切速降低,切缝变宽,切边变粗糙并且不平直,有一斜度。一旦工件运行方向与偏振位向完全垂直,切边不再成斜坡,切速更慢,切缝变宽,切割质量变得粗糙。

　　对复杂构件来说,很难保持光束偏振方向与工件运行方向平行,一般是通过控制光束成圆偏振方式来获得均匀一致的高质量切缝。在聚焦前,谐振腔射出的线偏振光束先经特殊附加的镜片——圆偏振镜。然后转换成圆偏振光束,从而消除线偏振光束对切割质量不良的方向效应。在允许的最高切割速度下,圆偏振光束切割的切面质量仍能在各个方向保持一致,切缝底部区切面角与切割方向偏离 90°的现象也被消除。

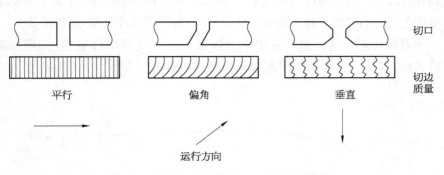

图 5-17　光束偏振位向与切割质量的关系

三、　辅助气体和喷嘴的影响

1. 辅助气体

一般情况下,材料切割都需要使用辅助气体,尤其是活性气体,有四个目的:

(1) 与金属产生放热化学反应,增加能量强度;

(2) 从切割区吹掉熔渣,清洁切缝;

(3) 冷却切缝邻近区域,减小热影响区尺寸;

(4) 保护聚焦透镜,防止燃烧产物沾污光学镜片。

辅助气体的类型和压力对激光切割效率和质量有很大的影响。通常,辅助气体与激光束同轴由喷嘴喷出,以保护透镜免受污染并吹走切割区底部熔渣,使切割过程顺利持续进行。切割过程中辅助气体的使用有利于提高工件对激光的吸收率。因为某些金属对激光的反射率较高,而辅助气体受高能量激光照射后会迅速离解成等离子体,这些等离子体紧贴在工件表面,具有良好的吸收激光的能力,并将所吸收的光能传送到工件上,使切口区迅速加热到足够高的温度;对于铁系金属的切割,采用 O_2 作辅助气体,由于切口区中发生铁氧反应,提供了大量的热,使切割过程加速,从而提高了切割能力和质量。因此,在激光切割时,辅助气体是必需的,而且也是非常重要的。

使用什么样的辅助气体,牵涉到有多少热量附加到切割区的问题,如分别使用氧和氩作为辅助气体切割金属时,热效果就会出现很大的不同。据估计,氧助熔化切割钢材时,来自激光束的能量仅占切割能量的 30%,而 70% 来自氧与铁产生的放热化学反应能量,但有些材料的氧助熔化切割化学反应太激烈,引起切边粗糙,所以,像切割铝那样的活泼金属,推荐使用 20%～50%氧作辅助气体,或直接使用空气。当要求获得高的切边质量时,也可使用惰性气体,如切割钛。

非金属切割对气体密度或化学活性要求没有金属那样敏感,如当切割有机玻璃时,气体压力对切割厚度并无明显影响(图 5-18)。

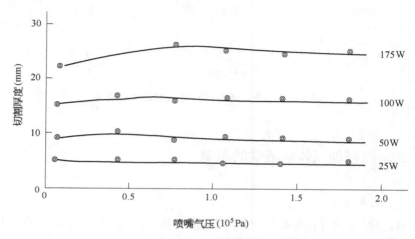

图 5-18 气体压力对有机玻璃切割厚度的影响

(切割速度 130 mm/min,焦长 200 mm)

激光切割对辅助气体的基本要求是进入切口的气流量要大,速度要高,以便有充足的气体使切口材料充分进行放热反应,并有足够的动能将熔融材料喷射带出。喷嘴气流压力过低时,吹不走切口处的熔融材料;压力过高时,易在工件表面形成涡流,削弱了气流去除熔融材料的作用。

2. 喷嘴

辅助气体的气流及大小与切割用喷嘴的结构和形式紧密相关。常用的喷嘴结构如图 5-19 所示。喷嘴孔尺寸必须允许光束顺利通过,避免孔内光束与喷嘴壁接触。显然,喷嘴内径越小,光束准直越困难。另外,喷嘴喷出的辅助气流必须与去除切缝内熔融产物和加强切割作用有效地耦合。

如图 5-20,图 5-21 所示,在一定的激光功率和辅助气体压力下,喷嘴直径对 2 mm 厚低碳钢板切割速度的影响。从中可以看出,有一个可获得最大切割速度的最佳喷嘴直径值。不论是氧气还是氩气作为辅助气体,这个最佳值都约为 1.5 mm。对切割难度较大的硬质合金的激光切割试验表明,其最佳喷嘴直径值也与上述结果极为接近,如图 5-22 所示。

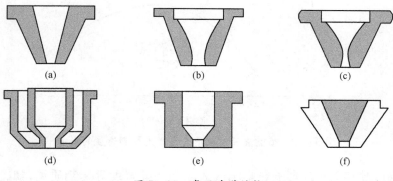

图 5-19　常用喷嘴结构

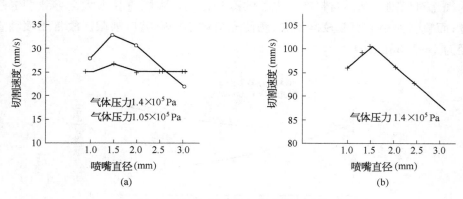

图 5-20　切割速度与喷嘴直径关系

（a）氩气；（b）氧气

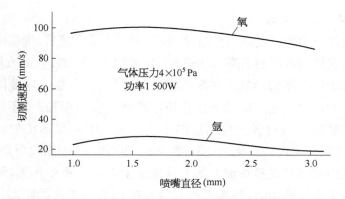

图 5-21　2 mm 低碳钢板激光切割速度与喷嘴直径关系

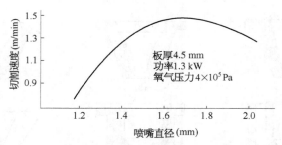

图 5-22 喷嘴直径对硬质合金激光切割速度的影响

另外,喷嘴大小还影响热影响区大小和切缝宽度等切割质量,如图 5-23 所示。可见,随着喷嘴直径增加,热影响区变窄,其主要原因是从喷嘴中出来的气流对切割区基体材料产生强烈的冷却作用。喷嘴直径太大会导致切缝过宽;而喷嘴太小会引起校准困难,诱使光束被小的喷嘴口削截。故常用喷嘴直径为 1~1.5 mm。

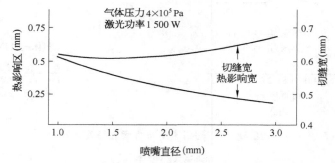

图 5-23 喷嘴直径对极限切速下 2 mm 低碳钢切缝质量的影响

3. 喷嘴气体压力的影响

增加气体压力可以提高切割速度,但到达一个最大值后,继续增加气体压力反而会引起切割速度的下降。从图 5-24 和图 5-25 看出,最大切割速度是激光功率和工件板厚的函数。在高的辅助气体压力下,切割速度降低的原因除了可归结为高的气流速度对激光作用区冷却效应的增强外,还可能是气流中存在的间歇冲击波对激光作用区的干扰。气流中存在不均匀的压力和温度,会引起气流场密度的变化。1981 年,Kamalu 和 Steen 用纹影照相技术,确定在气体压力较高时在喷嘴前方的工件表面上有一个密度梯度场存在,其形状和大小取决于气体压力、喷嘴直径以及喷嘴端面和工件的距离。这样的密度梯度场导致场内折射率改变,从而干扰光束能量的聚焦,造成再聚焦或光束发散,如图5-26所示。这种干扰会影响熔化效率,有时可能会改变模式结构,导致切割质量下降。如果光束发散太甚,使光斑过大,会造成不能有效地进行切割的严重后果。

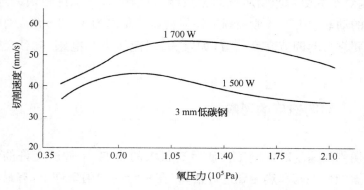

图5-24 不同功率下氧气压力对切割速度的影响

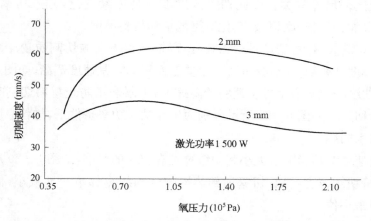

图5-25 不同板厚低碳钢氧气压力对切割速度的影响

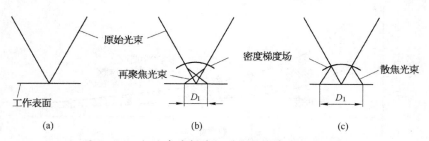

图5-26 气流密度梯度场对聚焦光束的干扰效应

(a)—次聚焦;(b)再聚焦;(c)发散

4. 喷嘴与工件表面距离的影响

喷嘴气流与工件切缝耦合是个气动力学问题,排出气流形式和喷嘴与工件的间距都是重要变量。喷嘴口离工件板面太近,会产生对透镜的强烈返回压力,影响对溅散切割产物质点的驱散能力;但喷口离工件板面太远,也会造成不必要的动能损失。一般控制工件与喷口的距离为 $1\sim2$ mm。对异型工件的切割主要靠自动调节高度装置,如触头、回流压力和电感、电容变化等反馈装置。

四、　切割速度的影响

激光切割的速度对切割工件质量有很大的影响,工件所允许的最大切割速度要根据能量平衡和热传导进行估算,在一定的切割条件下,有最佳的切割速度范围。在阈值以上,切割速度直接与有效功率密度成正比,而后者又与光束模式或光斑尺寸有关。因此切割速度随下列因素变化:光束功率、光束模式、光斑尺寸、材料密度、开始汽化所需能量和材料厚度。

在特定的参量下,切速可适当改变,以期获得不同的切割质量。对金属而言,不同厚度材料切割时,都可有一个质量满意的切割速度范围,如图 5-27 所示,其中曲线的上限表示可切透的最高速度,下限表示防止材料切割时发生过烧的最低切速。如图 5-28 所示分别为钢在某一功率条件下,材料厚度和切割速度的关系曲线。

切割速度对热影响区大小和切缝宽度有较大的影响,如图 5-29 所示曲线表明,随着切割速度增加,切缝顶部热影响区和缝宽都单一地减小,但切缝底部则出现最小值。

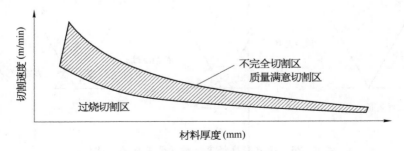

图 5-27　材料厚度与切割速度的关系

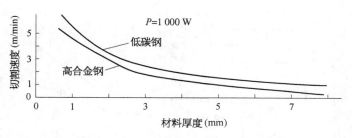

图 5-28　钢的材料厚度与切割速度的关系

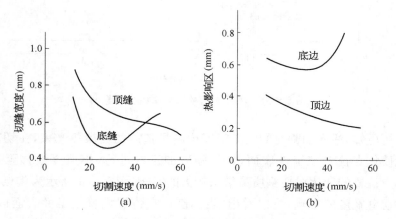

图 5-29　切割速度对切缝宽度、热影响区大小的影响

（a）切割速度对切缝宽度的影响；（b）切割速度对热影响区大小的影响

切割速度大小对切口粗糙度的影响如图 5-30 所示。速度过低时，因氧化反应热在切口前沿的作用时间延长，切口宽度增大，切口波浪形比较严重，切割面也变粗糙。随着切割速度的加快，切口逐渐变窄，直至上部的切口宽度相当于光斑直径。此时切口呈上宽下窄的楔形。继续增加切割速度，上部切口宽度仍继续变小，但下部相对变宽面形成倒楔形。

综上所述，切割速度取决于激光的功率密度及被切材料的性质和厚度等。在一定切割条件下，有最佳的切割速度范围。切割速度过高，切口清渣不净；切割速度过低，则材料过烧，切口宽度和材料热影响区过大。

五、　焦点位置的影响

激光切割时的焦点位置对割缝宽度和表面粗糙度产生很大的影响。由前

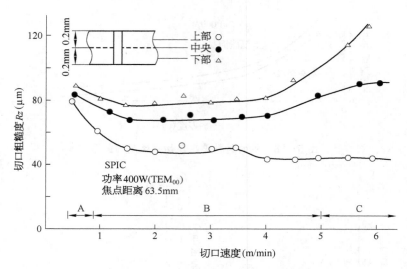

图 5-30　切割速度对切口粗糙度的影响

面的分析可知,激光切割时的气流密度梯度场造成的再聚焦光束,在切割起始时可能使焦点位置在工件表面以下,随着加工的进行,焦点逐渐移至接近表面。焦点位置的变化对切割质量带来较大的影响,图 5-31 所示为焦点位置的变化对切缝宽度的影响,可以看出,当切割焦点位置刚置于工件表面以下(约 1/3 板厚)可以获得最大的切割深度和最小的割缝宽度。

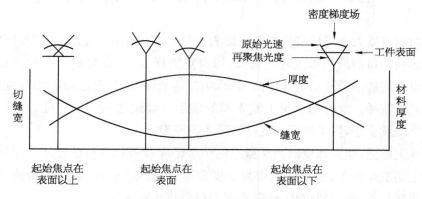

图 5-31　切割性能-焦点位置改变曲线

焦点位置对切口表面粗糙度的影响如图 5-32 所示,图中横坐标 a_b 为工件表面至聚焦透镜的距离与透镜焦距的比值。从图中可以看出,当 $0.988 < a_b < 1.003$ 时,切口最好。

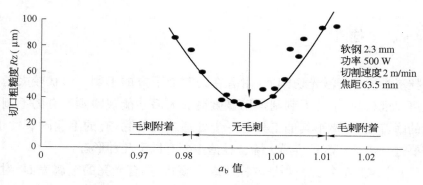

图 5-32　焦点位置对切口表面粗糙度的影响

第四节　三维激光切割质量的评定

　　目前,我国尚无统一的激光切割质量评定标准,国外每个国家和地区的评定标准也不完全一致,且每个激光设备公司的评定标准也有差异。作者通过文献查阅[43~47]以及调研激光切割企业在实际生产过程中对大量车身覆盖件的切割实例,并参考国内外激光设备公司的企业评定标准和一些学者的观点,认为从以下几个参数来评定三维激光切割质量较为合理,各参数如图 5-33 所示[43]。激光切割质量具体的具体评估标准,将在本章第五节中以德国 TRUMPF (通快)公司制定的激光切割质量企业评估标准为例,加以详细说明。

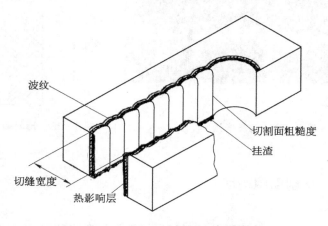

图 5-33　激光切割质量评定参数示意图

一、 挂渣

挂渣主要是指激光切割后,附着在切割面下方的毛刺。形状较大的毛刺肉眼可以观察到,小的毛刺则须用显微镜放大后才能观察到。有的毛刺具有很强的附着性,需要用其他工具进一步处理才能清除,有的毛刺附着性很差,不需要进一步处理就很容易去除。挂渣主要有以下几种形态:

(1)串珠状毛刺。毛刺呈现柱状或水滴状,具有光亮的金属表面,附着性较高,需进一步处理。

(2)碎土状毛刺。毛刺是附着在切割面上的金属熔化物,呈现碎土状,附着性较差,不需要进一步处理。

(3)锋利毛刺。呈现鼠须状,边缘锋利,部分附着性强,部分用手触摸即可去除。

二、 切缝宽度

切缝宽度如图 5-34 所示,它是衡量切割质量好坏的一个重要因素,同时也会影响切割的精度。激光切割的切缝宽度比较窄,一般为 0.1~1 mm。

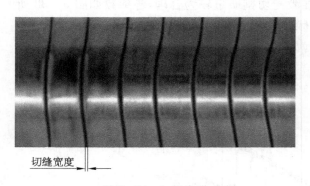

图 5-34 切缝宽度

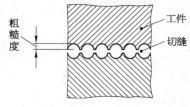

图 5-35 切割面粗糙度示意图

三、 切割面粗糙度

切割面粗糙度示意如图 5-35 所示,它是衡量激光切割质量最重要的一个参数。优良的切割质量是具有光滑的切割表面。切割面粗糙度的分布并不均匀,其测量位置也没有统一的标准,目前采用较多的是测量距离下表面 1/3 处的粗糙度。

四、　切割面波纹

激光切割时,切割面上呈现周期性的波纹,如图 5 - 36 所示。它是介于加工精度和表面粗糙度两者之间的几何形状特征,它的出现严重影响着激光切割的质量。

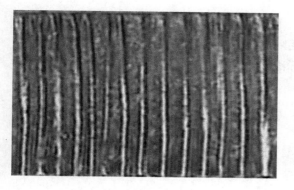

图 5 - 36　切割面上的波纹

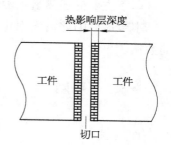

图 5 - 37　切口热影响层

五、　切口热影响层

激光切割材料是基于热的作用,激光能量在熔化切口材料的同时,还会向切缝附近的材料传导,所以切口的边沿处有一个热影响层,如图 5 - 37 所示。热影响层的材料虽然没有被熔化,但是也接受到了激光的热量,一般以热影响层的宽度来评定激光切割的质量。

第五节　TRUMPF 激光切割质量评估

目前激光切割质量的评估标准是 DIN EN ISO 9013:2000,它是 DIN EN ISO 9013:1995 - 05"氧乙炔(火焰)切割",DIN 2310 - 4"等离子切割"和 DIN

2310-5"金属材料激光切割"的汇总和代行标准。该标准给出了激光切割质量评估的术语和定义，并描述了评估切割表面质量的准则、质量等级和尺寸公差。它适用于板料厚度为 0.5～40 mm 情况下的激光切割。

德国 TRUMPF（通快）公司也制定了激光切割质量的评估标准，它与 DIN EN ISO 9013:2000 不完全相同，其评估的项目包括：

(1) 毛刺（熔渣形式或金属熔滴）；

(2) 割缝；

(3) 蚀损；

(4) 切割锋线滞后；

(5) 标准粗糙度；

(6) 垂直度和倾斜公差。

以下主要描述测量和确定以上准则的方法。

本节最后的评估表用作标准模板，用以保存作为切割质量评估所需参考的数据。

一、毛刺

1. 定义

毛刺是指：

(1) 附着性很强的毛刺，如不做进一步处理不能去除；

(2) 或不需要进一步处理就能很容易去除的附着熔渣。

2. 毛刺情况定性

毛刺目测评估和文字描述，包括毛刺类型、描述、实例及切割条件等，见表 5-2。毛刺的尺寸取决于焦点的位置。

表 5-2　毛刺类型、描述、实例及切割条件

序号	毛刺类型	描述	实　例	切割条件
1	串珠状毛刺	呈柱状或水滴状，金属表面光亮；附着牢固		低碳钢、板材厚度 15 mm，焦点位置＋5

（续表）

序号	毛刺类型	描述	实　例	切割条件
2	碎土状毛刺	呈细碎土状，毛刺附着，较容易去除		低碳钢、板材厚度 15 mm，焦点位置—1
3	碎玻璃状毛刺	呈碎玻璃状，边缘锋利。部分高强度附着，切割表面的下侧毛糙		不锈钢，板厚 8 mm，焦点位置—4
4	细齿状毛刺	呈细齿边缘锋利附着在切割面下侧		不锈钢，板厚 8 mm，焦点位置—11

二、 割缝

1. 定义

激光切割时，会产生一条割缝，通常底部比顶部窄。

割缝也称作割缝宽度，单位 mm。

2. 测量割缝

工件割缝如图 5-38 所示。

图 5-38　工件割缝

1—割缝；2—工件

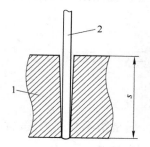

图 5-39　割缝的测量

1—工件；2—塞尺；s—板材厚度（穿透深度）

割缝的测量：用塞尺测量割缝，塞尺必须穿透整个深度 s，如图 5-39 所示。

材料超过 3 mm 时的精确测量方法：切出一个矩形，用卡尺测量其边长，与名义尺寸的差值即为割缝宽度。

例：

编程边缘宽度：100 mm

实测边缘宽度：99.7 mm

计算出切口宽度：$100-99.7=0.3$ mm

通快标准的切口值可在机器的数据库中查得。例如通快的 TL2530、TCL3030、TCL4030、TCL6030 用 SINUMERIK 840D 数控系统和 TLF 3000 激光器，其数据库中有如表 5-3 所示的材料、板材厚度及切口宽度等参数值。

表 5-3　通快激光切割设备的割缝切口值　　　　　（mm）

材　　料	板材厚度	切口宽度
低碳钢	1～3	0.15
	4～6	0.2～0.3
	≤15	0.35～0.4
	20	0.5
不锈钢高压氮气切割	1～3	0.15
	4～8	0.2
	10～12	0.5
铝合金（AlMg$_3$、AlMgSi）高压氮气切割	1～3	0.15
	4～8	0.2～0.3

三、　蚀损

1. 定义

蚀损是指不规则宽度、深度和形状的烧蚀，造成切割表面不规则损坏，如图 5-40 所示。

2. 鉴定

鉴定切割质量时，目测评估蚀损情况，用文字描述。如果没有蚀损出现，此项可忽略。可改变方向的腐蚀残余等可以单独立项，腐蚀示意如图 5-41 所示。

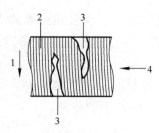

图 5-40　蚀损示意图

1—切割光束方向；2—工件；
3—蚀损；4—切割方向

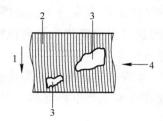

图 5-41　腐蚀示意图

1—切割光束方向；2—工件；
3—腐蚀；4—切割方向

四、　标准粗糙度

1. 粗糙度定义

粗糙度＝沟槽深度，如图 5-42 所示。

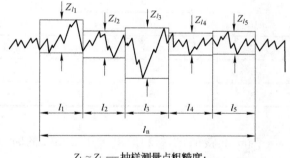

$Z_{l_1} \sim Z_{l_5}$——抽样测量点粗糙度；

$l_1 \sim l_5$——抽样测量长度；

l_n——整个测量长度

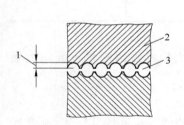

图 5-42　粗糙度示意图

1—粗糙度；2—工件；3—切口

图 5-43　标准粗糙度示意图

标准粗糙度 Rz_5 是单独测量的 5 个连续有代表性的点的粗糙度（毛边高度）的算术平均值，如图 5-43 所示。

2. 标准粗糙度的测量

标准粗糙度 Rz_5 是用例如分析刷（根据 ISO 3274）等测量。根据 ISO 4288，测量是在切割延伸方向上执行。

　　粗糙度的选测点取决于板材厚度和板材类型。通快公司的取测点和标准不同,是测量目视中能代表最高粗糙度的位置。标准的取法是取切割上部 1/3 作为测量点。

　　表 5-4 所示是粗糙度的测量点,取决于板材厚度和板材类型。这些值可看作是现有技术水平下标准值,它们是由 TLF4000 上取得的。

表 5-4　不同厚度材料粗糙度的测量点　　　　　(mm)

厚度(mm)	低碳钢	不锈钢	铝
1	-0.5	-0.5	-0.5
2	-1	-1	-1
3	-2	-1	-2
4	-2.6	-2.6	-2.6
5	-3.3	-1.6	-3.3
6	-4	-4	-4
8	-5.3	-7	-5.3
10	-1	-9	—
12	-1	-11	—
15	-1	—	—
20	-1	—	—

　　对于低碳钢,当材料厚度大于 8 mm 的时,最大粗糙度由板材下面向上面蔓延,而不锈钢和铝则相反。

　　3. 标准粗糙度值 Rz

　　表 5-5 列出了标准粗糙度最大值的参考,这些值是由通快 TLF4000 激光切割设备上取得的。这些值也是在现行工艺的基础上取得的标准值。

表 5-5　标准粗糙度最大值　　　　　(μm)

板材厚度(mm)	低碳钢	不锈钢	铝
1	9	6	18
1.5	8	—	13
2	15	10	17

（续表）

板材厚度(mm)	低碳钢	不锈钢	铝
2.5	7	—	14
3	17	10	22
4	5	10	20
5	6	10	19
6	6	13	14
8	7	19	46
10	28	43	—
12	23	38	—
15	28	—	—
20	28	—	—

注：表中的测量点是相对于板材顶部边缘而言的,例如：—0.5 是指由板边以下 0.5 mm(即激光束进入边)。

4. 蚀损

蚀损必须单独评估,因为它不能作为测量粗糙度的标准。蚀损的随机性超出了测量仪器的范围。

五、 切割锋线滞后

1. 定义

在激光切割中,工件的边缘由切割锋线形成沟槽。在低速切割时,锋线沟槽几乎与激光束平行。随着切割速度的增加,锋线沟槽会偏离切割方向。

锋线迟滞度 n 是指在切割方向上锋线在上下两边的平移距离。

2. 锋线滞后的测量

切割锋线迟滞用目测评估。

评估使用放大镜或立体显微镜观察照片或切割样品。用一条基准线作为辅助参照,如图 5-44 所示。

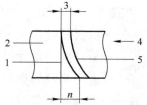

图 5-44 切割锋线迟滞度的测量

1—基准线；2—工件；3—锋线宽度；
4—切割方向；5—切割锋线；
n—锋线迟滞度

六、 垂直度和倾斜度公差

1. 垂直度和倾斜度公差的定义

垂直度和倾斜度公差 u 是指垂直切割时,切割表面外形在理论垂直面所定位的两条平行直线之间的距离。垂直度和倾斜度包括对直线度和平面度的偏移。

2. 垂直度和倾斜度公差的测量

垂直度在垂直切割时测量,如图 5-45 所示,倾斜度在斜面切割时测量,如图 5-46 所示,单位为 mm。

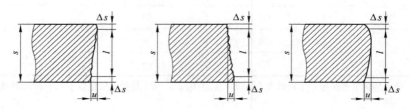

图 5-45 垂直切割时垂直度的测量

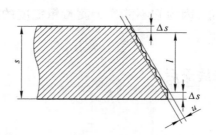

图 5-46 斜面切割时倾斜度的测量

在图 5-45 和图 5-46 中,相关参数意义如下:

s——板材厚度;

u——垂直度公差(倾斜度公差);

l——进行测量的参照区域宽度;

Δs——垂直度公差测量参照范围减少的尺寸,此尺寸值随板材的厚度变化。

现有的 DIN EN ISO 9013:2000 行业标准把激光切割区域分为三个区域,而通快公司与该标准有所不同。如表 5-6 所示,通快公司根据材料的不同定义了垂直度公差(倾斜度公差)u 的上限,其中 s 为板材厚度。

表 5-6　通快公司定义的垂直度公差（倾斜度公差）

材　料	公　式
低碳钢（火焰切割）	$u = 0.005 + 0.01s$
不锈钢（激光熔化切割）	$u = 0.005 + 0.033s$
铝（激光熔化切割）	$u = 0.03 + 0.035s$

注：表中数据取自 TCL 3030 和 TLF 3800 激光切割设备。

七、　评估表

通快公司的激光切割质量评估表标准模板见表 5-7 和表 5-8，用以保存切割质量评估所需参考的数据。

表 5-7　激光切割质量评估表标准模板

日期		负责人	
材料型号		切割速度	
激光器型号		镜片	
激光器功率		焦点位置	
门脉冲频率		割嘴尺寸	
切割气体压力		割嘴至板面距离	
切割气体			

表 5-8　激光切割质量评估数据统计表模板

材料厚度(mm)	切口(mm)	切割面粗糙度(μm)	锋线滞后(是/否，大/小)	垂直度公差(mm)	蚀损(是/否，零星/频繁)	随方向变化的烧蚀(是/否)	方向改变90°的实际半径(mm)	其他

备注：

第六节　激光切割的现状、存在的问题及安全防护

一、　激光切割的现状

在激光的工业应用中,激光切割发展最为迅速,据 2005 年的统计数字,在全球已生产和销售用于激光加工领域的工业激光器中,超过 40% 的激光器是用于激光切割中,销售额达到近 100 亿元。而国内同期激光切割加工系统的销售额为 4 亿多元,可见,中国的激光切割市场的容量非常大,市场前景十分广阔。

我国早在 20 世纪 70 年代中期就已开始激光切割试验,到 20 世纪 70 年代末中科院长春光机所就为成都飞机制造厂和长春第一汽车厂先后安装了直管式中功率(500 W 左右)激光器,用于切割飞机和汽车零件,这是我国激光切割发展的第一阶段。第二阶段是从 20 世纪 80 年代中期开始,我国上海、株州和天津等地先后全套引进高功率(1 500 W 左右)激光切割系统,较广泛地把激光切割新工艺引入了我国工业制造领域。20 世纪 90 年代初以后是发展的第三阶段,我国激光界开始发展中、高功率的,具有适合切割光束模式的快流 CO_2 激光系统(包括激光器、切割机床和数控系统)为工业界服务,并正在逐步扩大阵地[9]。

就激光切割技术而言,它也在根据生产发展的需要不断地进行技术创新,主要体现在三个方面:

(1) 增加能量输入与耦合,即提高能输出高质量光束(基模)的激光输出功率,开辟附加能源以及改善激光和其他辅助热量与工件的耦合程度。

(2) 加速熔融产物(渣)的排出。

(3) 改进激光切割系统小的柔性系统,发展多轴联动,提高对市场的多种适应性。

二、　激光切割存在的问题

1. 激光切割存在的技术与成本问题

(1) 初始一次性投资过高。

（2）一些高反射率的材料难以切割。

（3）一般金属材料的切割厚度仍受到限制。

2. 激光切割存在的安全问题

激光具有很高的能量密度和功率,激光装置中存在数万伏的高压,因此激光切割时必须注意安全,避免发生各种人身伤害事故。激光对人体的危害包括:

（1）对人体眼睛的伤害。激光照射在人体眼睛上,由于激光强烈的加热作用,会造成视网膜损伤,严重会导致人眼致盲。激光的反射具有同样的危险性,尤其在加工反射率较高的材料时,强反射光对眼睛的危害与直射光相近,另外,漫反射光会使眼睛受慢性伤害,引起视力下降。

（2）对皮肤的伤害。人体皮肤受聚焦激光的直接照射,会使皮肤割裂、灼伤,且伤口难愈合。红外光的长时间照射会引起皮肤老化,导致炎症和皮肤癌等。

（3）有害气体。激光加工某些材料时,这些材料因受高强激光强烈照射而蒸发,产生各种有毒的烟尘,在切割面附近形成的等离子体会产生臭氧,这些都会对人体有一定的危害。另外,某些可燃的非金属材料和金属材料（如镁合金等）,在加工过程中受到激光照射时间的稍长时会发生燃烧,引起火灾。

三、　激光切割的安全防护

为了防止各种伤害事故发生,必须做好激光切割的安全防护措施,包括以下这些:

（1）激光切割设备的安全防护。激光器设备可靠接地,维修门应有连锁装置,电容器组有放电措施。在激光加工设备上应设有明显的危险警告标志和信号灯。由于人眼看不见 CO_2 激光,激光的光路系统应尽可能全部封闭,且设置于较高的位置,特别是外光路系统应用金属管封闭传递,以防止对人体的直接照射。激光加工工作台应采用玻璃等防护装置,以防止反射光,激光加工场地设有栅栏、厢墙和屏风等,防止无关人员进入加工区。

（2）对人身的保护。现场工作人员必须佩戴对激光不透明的防护眼镜,其滤光镜要根据不同的激光波长选用。对于波长为 $10.6~\mu m$ 的 CO_2 激光,可佩戴侧面有防护的普通眼镜或太阳镜。激光加工区工作人员应尽量穿白色的工作服,以减少激光漫反射的影响。激光加工区应设置有通风或排风装置,做到室内空气流畅。操作人员必须经过岗前培训,以了解激光器的各项性能、操作要领和安全知识。

（3）其他防护措施。在激光加工区域不要存放易爆、易燃物品,这些物品放置在另外的房间。激光加工室应放置灭火器材,在切割过程中要及时清理易燃的切割渣等,如激光氧助切割时使用的氧气瓶等,应隔离放置。

（4）激光安全的国家标准。由于激光的广泛应用,许多人都有可能受到激光的辐射损害。为了减少和预防这种损伤,我国在激光安全方面已经制定了若干标准:

①《激光产品的安全——第 1 部分:设备分类、要求和用户指南》(GB 7247.1—2001),国家质量监督检验检疫总局 2001 年 11 月 5 日发布,2002 年 5 月 1 日实施。

②《激光设备和实施的电气安全》(GB/T 10320—2011),国家质量监督检验检疫总局 2011 年 12 月 30 日发布,2012 年 5 月 1 日实施。

③《作业场所激光辐射卫生标准》(GB 10435—89),卫生部 1989 年 2 月 24 日发布,1989 年 10 月 1 日实施,现已废止。代替标准《工作场所物理量测量第 4 部分:激光辐射》(GBZ/T 189.4—2007),卫生部 2007 年 4 月 12 日发布,2007 年 11 月 1 日实施。

④ 国家行业标准《实验室激光安全规则》(JB/T 5524—91),机械电子工业部 1991 年 7 月 16 日发布,1992 年 7 月 1 日实施,现已废止。

⑤《安全标志及其使用导则》(GB 2894—2008),国家质量监督检验检疫总局发布,2009 年 10 月 1 日实施。

⑥《激光产品的安全—生产者关于激光辐射安全的检查清单》(GB/Z 18461—2001),国家质量监督检验检疫总局 2001 年 10 月 8 日发布,2002 年 5 月 1 日实施。

第六章

激光切割的实践应用

本章从激光切割的实践应用角度,首先讨论激光切割金属板材关键技术及应用实例以及激光切割在造船工业上的应用,然后重点论述三维激光切割在汽车制造中的应用以及新兴激光器(光纤激光器)及其在激光切割中的应用。

第一节　激光切割金属板材关键技术及应用实例

一、　激光切割板材的关键技术

从目前国内应用情况分析,激光切割机广泛应用于低于 12 mm 厚的低碳钢板、低于 6 mm 厚的不锈钢板及低于 20 mm 厚的非金属材料。对于三维空间曲线的切割,在汽车、航空工业中也开始获得了应用。

激光切割机是光、机、电一体化的综合技术装备。激光束的参数、机器与数控系统的性能和精度都直接影响激光切割的效率和品质。因此,在激光切割设备的研制和实践应用中必须掌握和解决好以下几项关键技术[22]:

1. 焦点位置控制技术

激光切割的优点之一是光束的能量密度高,一般大于 $107 \sim 1\,011$ W/cm^2。由于能量密度与焦点光斑面积成反比,所以焦点光斑直径应尽可能地小,以便产生窄的切缝,同时焦点光斑直径与透镜的焦深成正比。聚焦透镜焦深越小,焦点光斑直径就越小。但切割有飞溅,透镜离工件太近容易将透镜损坏,因此一般大功率 CO_2 激光切割设备中广泛采用 $127 \sim 190$ mm 的焦距。实际焦点光斑直径在 $0.1 \sim 0.4$ mm 之间。对于高品质的切割,有效焦深还和透镜直径及被切材料有关。例如用 127 mm 的透镜切割碳钢,焦深为焦距的 ±2%,即

5 mm 左右。因此控制焦点相对于被切材料表面的位置十分重要。考虑到切割品质和切割速度等因素,原则上低于 6 mm 厚的金属材料,焦点在表面;高于 6 mm 厚的碳钢,焦点在表面之上;高于 6 mm 厚的不锈钢,焦点在表面之下。具体尺寸由实验确定。

在板材切割中确定焦点位置的简便方法有三种:

(1) 打印法。使切割头从上往下运动,在塑料板上进行激光束打印,打印直径最小处为焦点。

(2) 斜板法。用和垂直轴成一角度斜放的塑料板使其水平拉动,寻找激光束的直径最小处为焦点。

(3) 蓝色火花法。去掉喷嘴,吹空气,将脉冲激光打在不锈钢板上,使切割头从上往下运动,直至蓝色火花最大处为焦点。

2. 飞行光路技术

对于飞行光路的激光切割,由于光束发散角,切割近端和远端时光程长短不同,因而聚焦前后的光束尺寸有一定差别。入射光束的直径越大,焦点光斑的直径越小。为了减少因聚焦前光束尺寸变化带来的焦点光斑尺寸的变化,国内外激光切割机的制造商提供了一些专用的装置供用户选用[57]:

(1) 平行光管。这是一种常用的方法,即在激光器的输出端加一平行光管进行扩束处理,扩束后的光束直径变大,发散角变小,使在切割工作范围内近端和远端聚焦前光束尺寸接近一致。

(2) 在切割头上增加一独立的移动透镜的下轴,它与控制喷嘴到材料表面距离的 z 轴是两个相互独立的部分。当机床工作台移动或光轴移动时,光束从近端到远端也同时移动,使光束聚焦后光斑直径在整个加工区域内保持一致。

(3) 控制聚焦镜(一般为金属反射聚焦系统)的水压。若聚焦前光束尺寸变小而使焦点光斑直径变大时,自动控制水压改变聚焦曲率使焦点光斑直径变小。

(4) 飞行光路切割机上增加 x、y 轴方向的补偿光路系统。即当切割远端光程增加时使补偿光路缩短,反之当切割近端光程减小时,使补偿光路增加,以保持光程长度一致。

3. 切割穿孔技术

任何一种热切割技术,除少数情况可以从板边缘开始外,一般都必须在板上穿一小孔。以前的方法是在激光冲压复合机上用冲头先冲出一孔,然后再用激光从小孔处开始切割。对于没有冲压装置的激光切割机有两种穿孔的基本方法[58]：爆破穿孔和脉冲穿孔。

有关切割穿孔技术工艺分析详见本书第四章第四节的"激光切割穿孔工艺"。

4. 喷嘴设计及气流控制技术

喷嘴的结构类型、特点及其对切割质量的影响在本书第三章第五节"激光切割设备"和第五章第三节"影响激光切割质量的因素"中有详细描述，这里不再赘述。

激光切割钢材时，氧气和聚焦的激光束是通过喷嘴射到被切材料处，从而形成一个气流束。对气流的基本要求是进入切口的气流量要大，速度要高，以便足够地氧化使切口材料充分进行放热反应，同时又有足够的动量将熔融材料喷射吹出。因此除光束的品质及其控制直接影响切割品质外，喷嘴的设计及气流的控制（如喷嘴压力、工件在气流中的位置等）也是十分重要的因素。

目前激光切割用的喷嘴一般采用简单的结构，即一锥形孔带端部小圆孔，如图 6-1 所示，锥形孔直径一般取 5 mm，端部小圆孔 a 取值范围可参考图 6-1 左所示参数，即可取 1.0 mm、1.2 mm 和 2.0 mm。通常用实验和误差方法进行设计。由于喷嘴一般用紫铜制造，体积较小，是易损零件，需经常更换，因此一般不进行流体力学计算与分析。在使用时从喷嘴侧面通入一定压力 p_n 的气体，称喷嘴压力，从喷嘴出口喷出，经一定距离到达工件表面，其压力称切割压力 p_c，最后气体膨胀到大气压力 p_a。研究工作表明，随着 p_n 的增加，气流流速增加，p_c 也不断增加。

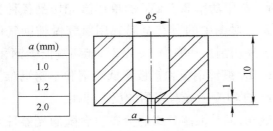

a (mm)
1.0
1.2
2.0

图 6-1　喷嘴的简单结构

为进一步提高激光切割速度，可根据空气动力学原理，在提高喷嘴压力的前提下不产生正激波，设计制造一种缩放型喷嘴，即拉伐尔（Laval）喷嘴。为方便制造可采用如图 6-2 所示的拉伐尔喷嘴结构，其中孔径 a、b、c 的取值范围可参考图 6-2 左边所示参数。

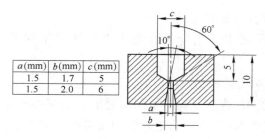

a(mm)	b(mm)	c(mm)
1.5	1.7	5
1.5	2.0	6

图 6-2　拉伐尔(Laval)喷嘴结构

应该指出的是切割压力 p_c，还是工件与喷嘴距离的函数。由于斜激波在气流的边界多次反射，使切割压力呈周期性的变化。第一高切割压力区紧邻喷嘴出口，工件表面至喷嘴出口的距离约为 0.5～1.5 mm，切割压力 p_c 大而稳定，是目前板材加工中切割手扳常用的工艺参数。第二高切割压力区工件表面至喷嘴出口的距离约为 3～3.5 mm，切割压力 p_c 也较大，同样可以取得好的效果，并有利于保护透镜，提高其使用寿命。

二、　激光切割金属材料时板厚与切割速度的关系

如第四章和第五章所述，在激光切割金属材料时若既要保证切割质量又要保证加工效率，要考虑很多工艺问题。以下主要讨论激光切割金属板材时板厚与切割速度的关系。

如图 6-3 所示是用功率 2.5 kW 的单模激光切割各种金属材料时，板厚与切割速度的关系。对图中的所有金属都用氧气做辅助气体。一般来说，低碳钢稍比不锈钢容易切割。功率为 1 kW 时，能切割低碳钢和不锈钢的厚度极限大致为 8～10 mm。镀锌钢板和铝板比低碳钢和不锈钢难切割，原因是它们对波长为 10.6 μm 的 CO_2 激光有强烈的反射作用。

虽说是单模激光，但其振荡模式的分布也会随激光器种类的不同而不同，而且无论是激光器的制造厂家还是用户，对透镜焦距和焦点位置的选择、对切割质量的评定标准都很不相同，因此切割规范就有很大的差别。

如图 6-4 和图 6-5 所示是用氧气做辅助气体切割低碳钢和不锈钢时，激光功率、板厚与切割速度之间的关系。正如图中各曲线表示的，即使使用的激光功率相同，板厚与切割速度的相关数据也不同，图 6-5 表明，激光切割铝板的厚度只能是 0.2 mm，而如图 6-6 所示 6061 铝合金激光切割时板厚与切割

速度的关系,切割厚度达到 5 mm。这就说明,同样是铝材但由于表面状态和种类不同,可切割厚度也就相同,不过铝比其他金属难切割这也是事实。激光切割金属材料,有时也用氩气做辅助气体。

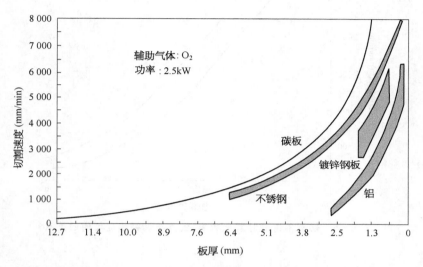

图 6-3　用 2.5 kW 激光切割各种金属材料时板厚与切割速度的关系

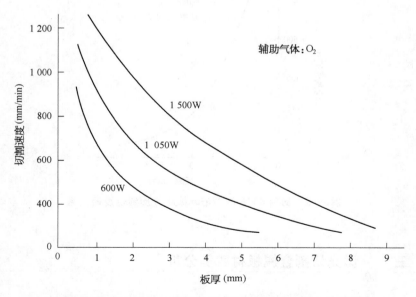

图 6-4　切割低碳钢时激光功率、板厚与切割速度之间的关系

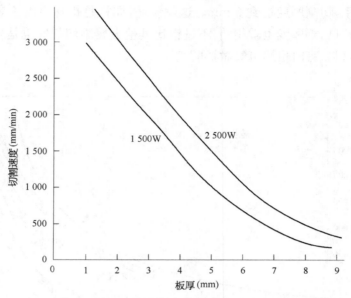

图 6-5　切割不锈钢时激光功率、板厚与切割速度之间的关系

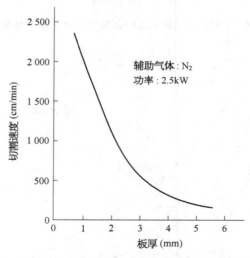

图 6-6　切割 6061 铝合金时板厚与切割速度的关系

三、　激光切割金属板材实例分析

下面举几个激光切割金属板件的例子。如图 6-7 所示是从低碳钢板上割

取圆盘的情况。图 6 - 8a 所示是用功率 500 W 的激光,从厚 2.3 mm 的低碳钢板上以 1.6 m/min 的速度割取不同零件的实例。图 6 - 8b 所示是从厚 10 mm 的钢板上割取直径为 1 m 的椭圆盘,在椭圆盘上还要割出许多同心圆形孔和扇形孔,割一个零件只需 12 min。图 6 - 9 所示是厚 10 mm 低碳钢板的切割面,由图可知切割厚板时也能切割得整洁。用合理的工艺参数切割厚 1.6 mm 的低碳钢板时,切割面上下边缘的表面粗糙度如图 6 - 10 所示。表征工业产品的表面粗糙度(微观不平度)采用轮廓算术平均偏差 Ra 值、微观不平度最大高度 R_{max} 值、以及轮廓微观不平度十点高度 Rz 值,但最常用的是 Ra 值。

图 6 - 7　从低碳钢板上割取圆盘的情况

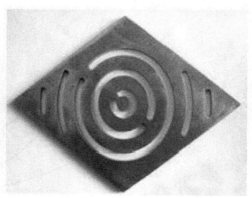

(a)　　　　　　　　　　　　　　　　　　(b)

图 6 - 8　激光切割金属板件实例

(a) 切割不同零件实例;(b) 用 CO_2 激光切割的零件

图 6-9　激光切割面

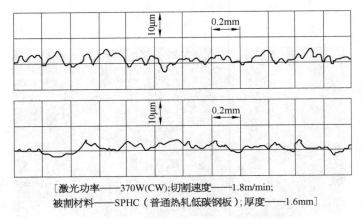

[激光功率——370W(CW);切割速度——1.8m/min;
被割材料——SPHC（普通热轧低碳钢板）;厚度——1.6mm]

图 6-10　切割面表面粗糙度实测

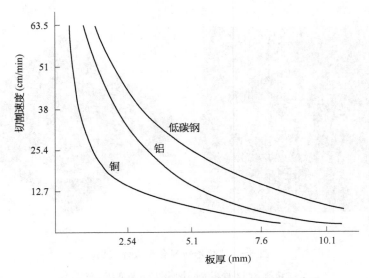

图 6-11　切割不同材料时板厚与切割速度的关系

YAG 激光也可以用于切割金属。如图 6-11 所示是用它切割低碳钢、铝及铜时,板厚与切割速度的关系。切割时采用脉冲激光,每个脉冲的能量为 80 J,脉冲数是每秒钟 4 个。因为是脉冲切割,所以速度较慢。YAG 激光切割低碳钢无疑是最容易的,还能切割铝和铜。这是因为它与 CO_2 激光不同,不易被铝和铜的表面反射。这也是 YAG 激光的特点之一。如图 6-12 所示是用脉冲 YAG 激光切割的某设备零件。

图 6-12 用脉冲 YAG 激光切割的某设备零件

YAG 激光能够通过光纤传输进行切割,这又是它的一个特点。如图 6-13 所示就是使用 100~180 W 的光纤传输激光切割低碳钢和不锈钢时,板厚与切割速度的关系。

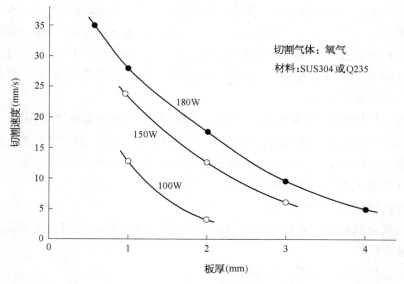

图 6-13 光纤传输激光切割低碳钢和不锈钢时板厚与切割速度的关系

四、　激光切割金属板材在实践中的应用

以下通过在激光切割应用领域中有丰富实践经验的上海文日方实业发展有限公司的具体激光切割实例,分析说明激光切割金属板材的切割工艺及技术要求。

上海文日方实业发展有限公司依托上海市机械工程学会、全国高校专家及国内外知名研究机构,专业从事大型激光加工、等离子金属切割等,公司拥有大型数控激光切割机,最大加工范围可达 12 500 mm×3 000 mm×20 mm,公司在各类激光切割中积累了丰富的实践经验。

1.工业大型环保冷却器孔板

如图 6-14 所示为环保冷却器孔板造型图,材料为碳钢,板厚为 16 mm。

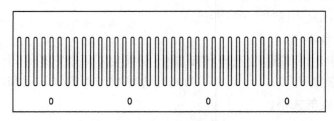

图 6-14　环保冷却器孔板

(1) 激光切割孔板的技术要求。内孔公差±0.2 mm,孔距公差±0.2 mm,粗糙度 Ra 为 12.5 μm,平面度公差±0.5 mm/m,垂直度±0.5 mm,内孔光滑。

(2) 激光切割孔板较易出现的问题。由于此类孔板较长,达 2 m 以上,两端距孔的尺寸容易出现偏差,难以达到要求。各种切割设备正常工艺都难以做到内孔引割处光滑。

由于孔板很长,容易出现变形跑位,腰孔到两边的距离也难以保证。

(3) 切割工艺。孔板内孔较多,厚度较厚,可采用数控切割工艺。排版时应设置正确的参数。切入方式:直线切入切出 12 mm,切入角度采用 40°切入,避免直线切入切出时的拐角过高。

内孔留料加至 4～5 mm。

内孔切割处如图 6-15 所示,切割后选用内磨机轻微打磨后即可做到内孔引刀处无缺陷。

切割后的成品如图 6-16 所示。

2.不锈钢装饰品

如图 6-17 所示为灯体外壳造型图,材料为不锈钢,板厚为 1.2 mm。

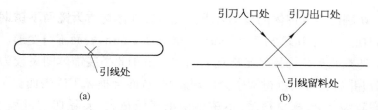

图 6-15　内孔切割引刀处

（a）内孔切割示意；（b）引线处局部放大

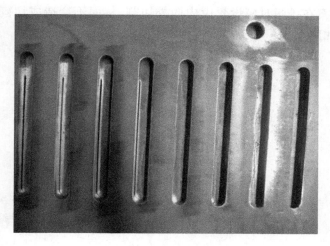

图 6-16　切割后的成品

图 6-17　1.2 mm 厚不锈钢灯体外壳造型图

（1）切割此类装饰体的技术要求。此类装饰体材质为镜面不锈钢，要求表面不能划伤。所有图案宽度 2.5 mm，公差±0.2 mm，表面不可变形。

（2）切割此类装饰体较易出现的问题。由于此类装饰体图案较为复杂，而且各部分相隔较近，切割过程中会出现翘起，从而会损坏工件表面。

图案较为复杂，板材很薄，不锈钢切割气压很大，实际切割过程中存在一个优先切割问题。

（3）切割工艺。孔板内孔较多，厚度较薄，可采用随动切割工艺。

复杂图案在排版时应设置由内向外切割，从而不会造成切割过程中的弹起和凹下，如图 6-18 所示。

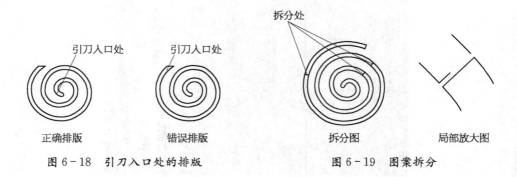

图 6-18　引刀入口处的排版　　　　　　图 6-19　图案拆分

有些图案较长且绕圈较多，在切割过程中必须将其拆分为多个非封闭的图形，如图 6-19 所示。

分断处分断距离一般在 0.2～0.3 mm，且在 CAD 软件内增加引入线。

图案图形线段是由很多段线组成，在切割过程中会出现拐角停顿等现象，因此在切割程序中加入 G51 代码，以使所有多段线圆滑过渡。

3. 切割空心文字及铭牌

（1）空心文字及铭牌的特点以及要求。该类产品所用材料一般为薄的不锈钢或者冷轧钢板。表面要求不可以划伤，对公差的要求不是很高，需要注意的是要保证整体的美观性，在切割过程中不可以有烧边的情况发生。

（2）加工时应注意的问题。下面以上海文日方公司制作的公司铭牌为例，首先根据客户的要求用 CAD 软件画出图纸，如图 6-20 所示。

此产品所用材料为 2 mm 冷轧钢板，因为是在板上面把文字部分镂空掉，所以对于文字中某个部分内外都是封闭的情况要进行孤岛打断处理，否则会出现孤岛分离现象，如图 6-21 所示。

图 6-20 公司铭牌 CAD 模型

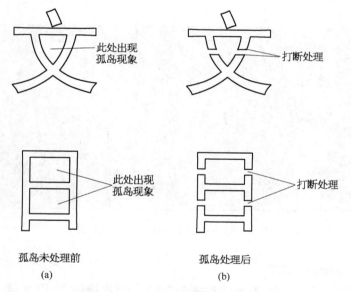

孤岛未处理前
(a)

孤岛处理后
(b)

图 6-21 空心文字内部孤岛的处理

(a) 孤岛未处理前；(b) 孤岛处理后

　　将图纸修改完毕后，导入 PM200 软件进行排版和编程。在第一步先要将图形打散，把重叠线消除干净。重叠线消除干净后用自动串接功能把图形全部串接起来，进入下一个步骤生成切割路径。对一些切割参数做必要的修改，因为此类产品对公差要求不是很高，所以可以将刀具补正关闭掉，这样可以避免在实际切割过程中由于某个部位拐角太小出现报警的情况。因为文字是有很多的多段线组成的,切割时在拐角处会出现短暂的停顿现象,可以加入 G51 代码进行切割,以实现拐角处圆滑过渡,从而提高生产效率。

　　如图 6-22 所示为部分文字切割路径放大图。切割路径生成完毕后,导出程序代码,输入到激光切割机进行切割加工,切割完成后对工件背面的毛刺进行打磨,注意此时不要划伤工件表面。如图 6-23 所示为空心文字铭牌实际成品图。

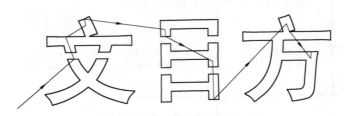

图 6-22　部分文字切割路径的放大图

图 6-23　空心文字铭牌实际成品图

4. 随动切割的应用

　　在实际加工生产中,有些工件所包含的孔的数量较多,因为对于一般的工件在激光切割过程中,激光头是每割完一个孔,z 轴向上抬起,移动到下一个打孔点,z 轴再下降,这样可以保证激光头在空移过程中不会撞到切割后凸起的废料,但是同时也降低了生产效率。尤其是对于内孔数量较多的工件,浪费时间尤为明显。下面以图 6-24 所示的工件为例说明随动切割的应用。

　　这种工件的孔的数量较多,所以在排版编程之前就要考虑到随动切割,随动切割的特点是当激光头割完一个孔之后,不会将 z 轴向上抬起,而是直接移动到下一打孔点。穿孔切割,因为激光头上装有感应装置,在空移的过程中激

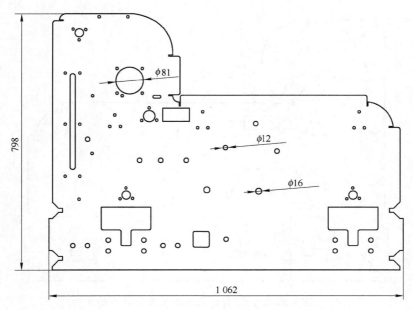

图 6 - 24　内孔数量较多的工件

光头与板面保持恒定的距离。但是这种切割方法有一定的危险性,在编制切割路径的时候要注意的是,不可以使激光头经过已经切割过的地方,即所谓的避孔切割,如图 6 - 25、图 6 - 26 所示。

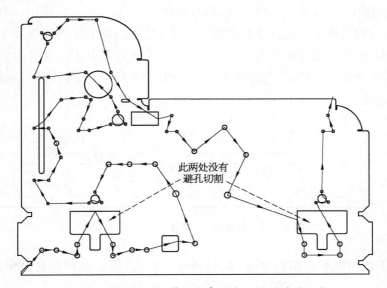

图 6 - 25　错误路径(箭头代表激光头切割移动方向)

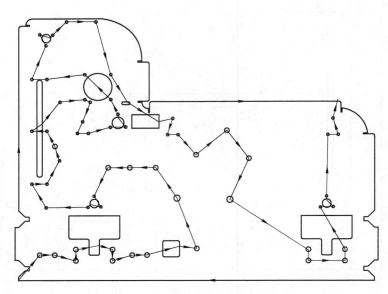

图 6-26　正确路径(箭头代表激光头切割移动方向)

　　因为随动切割减少了激光头上下移动所消耗的时间,所以对于同样数量的工件可以节省不少的时间,从而提高生产效率。在实际生产过程中也会得到广泛的应用。

　　5. 架桥的应用

　　在实际生产中,有的工件长度较长,宽度较窄,如图 6-27 所示。对于这类工件,在切割过程中会发现往往出现大小头的情况,即工件的一端尺寸在公差范围之内,而另一端已经超出公差范围,甚至可能差得更多。这是因为在切割过程中,由于受热变形,优先切割的那一个长边与板料之间已经相互弹开,致使切割跑位。

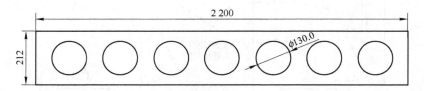

图 6-27　长度较长,宽度较窄的板材零件

　　如果按照常规的切割方法,先割完所有的孔,然后割掉外框,如图 6-28 所示。

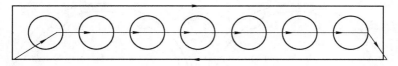

图 6-28　常规切割方式

采用架桥方式切割是指在切割外框时,割完一段距离后,激光头抬起,移动一小段距离之后再继续切割,这样可以保证被切割工件与整个板料之间不完全分离,使之能够固定在板料上面,如图 6-29、图 6-30 所示。

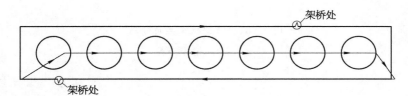

图 6-29　架桥切割方式

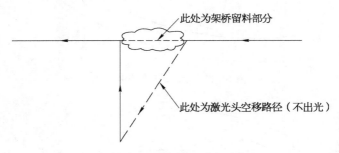

图 6-30　架桥处放大图

6. 激光切割 20 mm 法兰板

以 CP4000 为例,其加工的极限厚度为 20 mm,如图 6-31 所示是某公司的 20 mm 圆形法兰,直径为 2 m,为了能够节省材料降低成本,可以将此法兰拆成六等份,以提高材料的利用率。在截断处可以设计一个拼口,这样可以更加方便地拼接,如图 6-32 所示。法兰板的加工排版如图 6-33 所示。

7. 钢板应力对激光切割的影响

钢材的内应力:一块钢板是由无数个铁原子(包括其他成分的原子)所组成的,原子与原子之间之所以能够紧密的连接在一起,而不像一盘沙子一样,是因为铁原子之间有强大的金属键紧紧地"拉"在一起的。原子之间的"拉力"

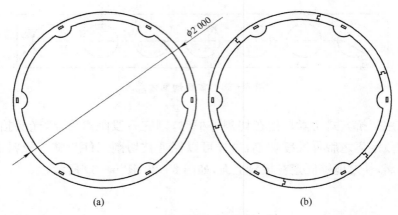

图 6 - 31　法兰板及其拆分图

(a) 原图；(b) 拆分图

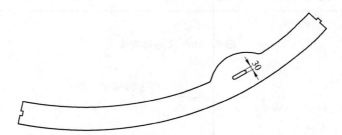

图 6 - 32　法兰板单件分解图

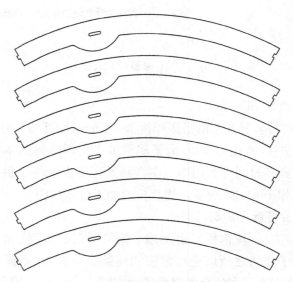

图 6 - 33　法兰板的加工排版图

会由于相邻原子之间的位置远近、角度差异,而导致其"拉力"会在整个钢板的平面内不是很均匀,通俗的说就是,有些方向的"拉力"大,而有些方向的"拉力"小。由于钢板是在轧钢机轧成平板后,这些钢材立面分子之间的"拉力"会暂时趋于平衡,但是如果将钢板用刨床或激光切削一部分(如切薄一半的厚度),剩下的钢板将会马上发生变形,如发生翘曲,这就是内应力在起作用。同截面相垂直的应力称为正应力或法向应力。钢板的应力是钢板切割的一个重要工艺参数,直接影响了钣金件的成型,应力应变是材料的一个重要特性。应力方向对激光切割成型产品有着重要的关系,在某些特定用途或特殊材料(耐磨板)中有着广泛的应用。

8. 耐磨性钢板材料的应力与激光切割

耐磨钢板(wear resistant steel plate)是指专供大面积磨损工况条件下使用的特种板材产品。目前,常用的耐磨钢板是在韧性、塑性较好的普通低碳钢或者低合金钢表面,通过堆焊方法复合一定厚度的硬度较高、耐磨性优良的合金耐磨层而制成的板材产品。另外,还有铸造耐磨钢板和合金淬火耐磨钢板。耐磨板金相组织中碳化物呈纤维状分布,纤维方向与表面垂直。纤维方向在实际应用中有着重要的影响。

耐磨钢板由于其中含有大量合金元素,在实际切割过程中与普通的 SS41 钢板切割相比,切割速度较慢,切割各种拐角容易过烧。

由于存在纤维方向(法向),对于需要折弯的切割件必须做到折弯方向与法向一致,否则在折弯过程中易断裂。如图 6-34 所示为某公司的 8 mm 耐磨钢板折弯件的加工图,排料加工时,应该注意工件的折弯方向与材料的纤维方向一致,如图 6-35 所示。

9. 热轧开平板材料的应力与激光切割

热轧开平板是热轧卷板通过开平机开平剪切而成,由于是卷板开平而成,所以开平板中存在较大的应力,且钢板的长度开平方向的应力比宽度开平方向大得多。在切割、焊接或加热处理之后会产生热变形,对钣金件成形有着重要影响。

因此,热轧钢板在切割过程中应注意以下环节:

如果钣金件大小在钢板宽度范围内,激光排版时一定把钣金件的长度方向放于板材的宽度方向,以减少钢板应力对后道加工带来的影响。以某公司的 6 mm 半圆形工件为例,这种工件在后道加工要经过烘箱热加工,如果排料时方向不对,则会在热加工后严重变形,如图 6-36 所示。

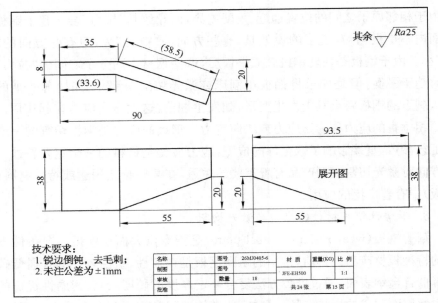

图 6-34　8 mm 耐磨钢板折弯件加工图

技术要求：
1. 锐边倒钝，去毛刺；
2. 未注公差为±1mm

名称		图号	26MJ0405-6	材 质	重量(KG)	比 例
制图		图号				1:1
审核		数量	18	JFE-EH500		
批准				共24张		第15页

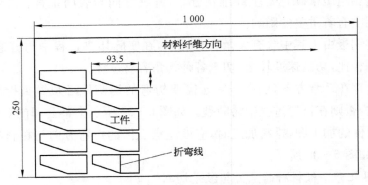

图 6-35　工件的折弯方向与材料的纤维方向一致

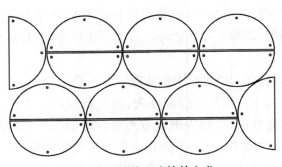

图 6-36　错误的排料方式

　　用上面的排料方式加工出来的工件,其中有的工件是把工件的长度放在板料的长度方向,在热加工后变形较厉害,结果如图6-37所示。

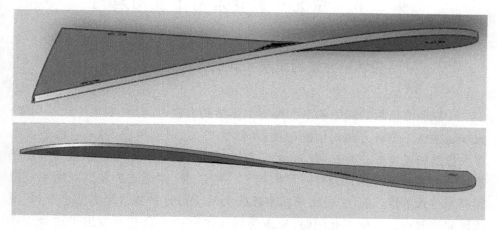

图6-37　因错误排料的工件严重变形

　　同样尺寸的板料,在不减少排入工件数量的情况下,如果遵循工件的长度在板料的宽度方向的原则,可以按照如图6-38所示的排料方式加工。

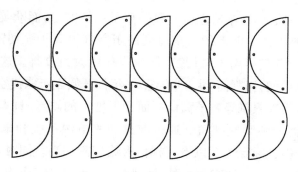

图6-38　正确的排料方式

　　实践证明用这种排料方式加工出来的工件变形量较小,结果如图6-39所示。

图6-39　因正确排料的工件变形较小

第二节　激光切割在造船工业的应用

一、造船切割方法的发展和现状[52]

一般船体钢板的加工基本上都使用热切割方法,而且长期来广泛采用氧-火焰切割法。这种方法的切割速度慢,热变形大,切割精度不高,早已适应不了大量造船的需要。为此,在20世纪60年代末至70年代初,造船界曾一度热衷于开发高速氧-火焰切割法,虽取得了一些成果,如低压扩散型割嘴和氧帘割嘴等得到了推广应用,但实用切割速度仍处于每分钟数百毫米的水平,状况未能明显改观。大抵与此同时,原东德焊接研究所研究并开发出了适合于切割碳钢的空气等离子弧切割技术和设备,其切割速度达氧-火焰切割的2～5倍,受到造船界的重视。从20世纪70年代初开始,国外一些大型船厂相继在数控切割机上配用空气等离子弧割炬取代氧-火焰割炬切割内部构件,取得了明显效果。但不久后发现空气等离子弧切割面因粘有氮化物层,影响焊接质量。为弥补这一缺点,日本着重研究氧等离子弧切割法,而欧美则开发水再压缩等离子弧切割工艺。前者的切割速度高于空气等离子弧切割法,而后者的切割速度稍慢于空气等离子弧切割,但操作环境大为改善。这两种方法均能获得焊接性能良好的切割面,从20世纪80年代开始逐步取代空气等离子弧切割法。近年来,为克服氧等离子弧切割面倾斜度大的缺点,日本又开发了高质量大电流氧等离子弧切割装置。通过改进切割电源系统和采用二次气流割炬,使切割面倾斜度降至1.5°以下,与氧-火焰切割相当。同时,电极的寿命也明显延长(为原来的2～3倍)。另外,还研制出了使用双割炬组一次割出Y形坡口的工艺。

另一方面,从20世纪80年代末起,激光切割技术的发展进程加快,特别是近几年相继开发出了紧凑型大功率CO_2激光器,能直接把激光器安装在数控切割机机架上进行切割,可能加工的钢板厚度也达30 mm左右(功率为6 kW)。这为成形切割大尺寸零部件提供了条件,虽然总体来说,激光切割的速度虽不如等离子弧切割,但因热变形极小,切割精度高(尺寸精度为±0.1 mm),割炬无易损件,容易实现全自动化乃至无人作业化,加之可切割各种金属与非金属复合材料,对于正在推进装配及焊接自动化和机器人化的造船业来说,是一种颇有吸引力的新型切割技术。

表6-1列出了造船适用的三种切割法的特性,而图6-40则表示了它们的典型切割速度与板厚的关系。

表6-1 造船适用的三种切割方法特性比较

	氧-火焰切割法	等离子弧切割法	激光切割法
优点	1. 设备投资少 2. 易使用多割炬同时切割 3. 易实现各种焊接坡口和厚钢板的切割 4. 切口宽度较小,切割面垂直度好	1. 切割速度快 2. 切割变形小,精度较氧-火焰切割好 3. 能切割各种金属材料 4. 热影响区窄	1. 切割速度较快 2. 几乎无热变形,可实现高精度切割和精密加工 3. 热影响区窄 4. 适用于各种金属和非金属材料 5. 易实现无人监视自动切割 6. 对环境污染少
缺点	1. 切割速度慢 2. 热变形大,精度差 3. 薄板(厚度≤5 mm)难以成形切割 4. 仅能切割碳钢(采用氧-熔剂法除外)	1. 设备投资较大 2. 切割面倾斜度和切口宽度大 3. 一台切割电源不能同时用于多个割炬 4. 电极和喷嘴使用寿命短 5. 可切割厚度有限 6. 烟尘发生量大,需加以处理	1. 设备投资大 2. 割炬高度控制要求高 3. 可切割厚度较小 4. 不能进行坡口加工

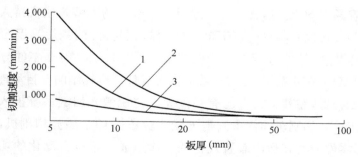

图6-40 三种切割法的典型切割速度

1—CO₂激光切割(3 kW);2—等离子弧切割(250 A);
3—氧-火焰切割(0.69 MPa扩散形喷嘴)

现在,国外大中型船厂在加工船体内部构件的数控切割已基本上用等离子弧切割代替氧-火焰切割。欧美船厂主要采用带充水平台的水再压缩等离子弧切割法(即湿式切割),而日本船厂则基本上使用氧等离子弧切割法(即干式切割)。两者各有特点,一般湿式切割的成本高于干式切割。氧-火焰切割法因设备简单、投资少,容易实行多割炬同时切割来弥补其切割速度慢的缺点,加之能切割各种坡口,故在门式切割和光电跟踪切割中仍继续获得应用。激光切割在加工较薄钢板时也具有较高的切割速度,特别是精度高、易实现无人监视切割,近年来也开始在船厂中使用。如英国著名的军船制造企业沃斯帕·桑尼克罗夫特造船公司,已引进数控 CO_2 激光切割机用来加工厚 16 mm 以下的船体零件和建造用的各种样板,把激光器输出功率降低后也用来对割后的零件进行规整,同时代替钻孔在零件上开小孔。一般来说,预涂底漆的钢板,割后漆膜无损坏,且零件精度高、平整。美国 MareIsland 海军船厂也对激光切割船用材料(用橡胶、泡沫塑料和 PCB 塑料等包覆的 HY - 80 高强度钢板)和电缆进行了应用试验,证实其切割效果良好,且能大大提高切割效率,已计划在实际生产中应用。另外,也有关于日本船厂引进数控激光切割机的报道。由于激光切割的一系列特点,可以预期,激光切割今后在造船业中的应用将不断增加。

二、　　造船工业中激光切割应用

激光切割装置基本上无易耗件,而光学零件如反射镜和聚焦透镜等,在正常情况下不会损坏,只需定期加以保养。因此,它比氧-火焰切割和等离子弧切割装置容易实现无人监视化。一般只要在数控切割装置或机器人上配上工件端面检测装置以及与氧-火焰和等离子弧切割类似的割炬高度自动调节装置和防碰撞装置,就能进行无人监视切割。再与自动上料和零件分类运出装置、工厂 CAD/CAM 系统相组合,就能实现有计算机控制的全自动连续运转切割系统。据报道,在其他行业已有一些无人监视激光切割系统投入使用。如国外一家工厂在切割车间内串列地配置 6 台数控 CO_2 激光切割机,并与钢板上料、割后零件分类和运出装置及自动仓库组成一条全自动化的切割加工生产线,所有作业都由计算机控制,只有 2 名工作人员。另外,夜间无人操作的激光切割系统、24 小时连续运转的激光切割系统等也获实际应用。

从发展趋势看,由于一系列自动检测和控制装置的开发,随着工厂计算机网络的形成,造船工厂内将会出现以激光切割为主的由计算机控制的全自动化切割加工生产线。

第三节　三维激光切割在汽车制造中的应用

三维激光切割的原理、技术、特点及其质量评定等在第三章、第五章相关章节里已有详细描述，这里不再赘述。以下主要介绍三维激光切割的应用，特别是在汽车制造中三维激光切割的应用案例以及车身覆盖件的三维激光切割特殊工艺分析。

一、　三维激光切割应用概况

三维激光切割应用最广泛的领域是汽车车身设计及制造，主要用来开发新车型，在线切割，变形车生产，例如切割样车零件，车身覆盖件的切孔、修边，切割方向盘孔、车身挡风板、车顶盖支架孔、安全气囊部件、液压成型部件等。BMW、奔驰、Fiat、Volvo、大众、日产等公司都拥有用于车身加工的五轴激光加工机。三维激光切割在车身装配后的加工也十分有用，例如开行李架固定孔、顶盖滑轨孔、天线安装孔，修改车轮挡泥板形状等。在航天航空中，该技术主要用来对已成形的不锈钢、英科乃尔（Inconel）合金、钛和铝材的飞机零件进行打孔、切割和修整。

三维激光切割技术还广泛应用在模具制造、雕刻、石油工业等行业之中。在印刷行业中，激光雕刻切割机利用激光的高能量性和高效率性，通过程序控制对橡胶版进行烧蚀，制造出的印刷版不仅成本低，而且雕刻精细，质量很高。利用激光的高能量特性对刀模板进行深度烧蚀，可以制造出各种高精度的刀模来。在模具制造领域，可以用于加工模具、试模、制造模具。由模具 CAD 和激光切割相结合能够完成模具内部的复杂结构制造，如深孔、型孔、中空体以及复杂的冷却水道。用激光精细切割薄钢板，然后将其叠加成凹模或凸模。在石油工业中，用该技术来加工割缝筛管等。

二、　复杂工件的三维激光切割

采用激光加工机，通过多轴运动来完成三维工件加工的概念，是 20 世纪

70 年代初提出并加以实践的。但要完成非旋转对称的复杂自由曲面三维工件的加工,需要五个轴,即三个互相垂直的直线运动轴(x 轴、y 轴、z 轴)和两个旋转轴,以保证入射激光的光轴始终垂直于被加工表面。从世界上第一台五轴激光切割机于 1979 年在 Prima 工业公司投入使用至今,三维激光切割已在汽车制造、航天航空等领域得到了广泛的应用,这主要得益于三维激光切割具有能缩短生产周期、节省原材料、提高工效、降低生产成本和获得高的切割质量等优点。

由于三维激光切割时,不但要求光束(切割头)相对于工件按一定的空间轨迹运动,而且整个切割过程中,激光光轴必须始终垂直于被切割工件表面,以提高切割质量和最大限度地用激光束能量。这样一来,三维表面的切割一般需要五轴。在 20 世纪 80 年代中后期,美国、日本、欧洲等国家和地区就已完成三维五轴 CO_2 及 YAG 激光加工机的研制工作,进入批量推广应用阶段,目前正向高速度、高精度、柔性化方向发展。

国内已制出"数控多坐标联动激光划线切割机"(能同时控制五维)和"多用途数控五轴联动激光加工机床",主要用于汽车制造厂大型汽车模具的制造和修复以及汽车覆盖件、梁类零件的二维和三维切割。五轴激光加工机器人的研究国内属于空白。用五轴激光加工机来完成三维工件的切割要求各个子系统的性能都非常优异,否则就不能完成三维工件的高精度切割。国外在这方面的关键技术(包括激光加工系统和激光加工工艺)领先于我国。这可从我国激光切割应用比例低于国外和采用五坐标联动加工三维曲面零件落后于国外两个指标得到佐证。无论国内还是国外的三维五轴激光加工机,在缩短编程和示教时间,增强系统高速度(如提高微处理器的位数和速度)、高精度(如减少数控系统误差和采用补偿技术),柔性化(如采用先进的 CAD/CAM 技术、光纤传导技术),体积小型化等方面都值得继续研究。目前,日本和欧洲国家在这方面走在世界前列,这得益于这些国家控制了世界上高档次的数控机床技术。

纵观国外进入商业市场的五轴激光加工机,主要有五轴龙门式激光加工机和五轴激光加工机器人两种基本结构。前者用于三维工件切割时,常由切割头作二轴旋转和摆动以实现方位运动,而工作台或做一个方向运动(两柱五轴龙门式激光加工机),或固定不动(四柱五轴龙门式激光加工机);后者通过内含反射镜的多个关节臂(早期使用)或光纤传输(近期使用)与机器人连接,实现三维激光切割。两者性能对比见表 6-2[53]。

表6-2　五轴龙门式激光加工机与五轴激光机工机器人性能对比

性　能	五轴龙门式激光加工机	五轴激光加工机器人
工作空间	大	小
允许加工工件的重量	相对小(两柱龙门式)/相对大(四柱龙门式)	大
允许加工工件的尺寸	相对小(两柱龙门式)/相对大(四柱龙门式)	大
加工速度	大	小
加工精度	好	差
接近加工区的能力	差	强

在欧洲汽车工业中,三维激光切割首先用于原型样机制造和试生产;在日本汽车工业中,较多的三维激光切割用于小批量产品的切割和样车生产。有人对世界上17个主要应用激光技术的国家的79家激光加工车间进行了统计,发现拥有多轴(两轴以上)激光加工系统的公司占总数的37%。根据国外激光切割占60%以上可推知,拥有多轴激光加工系统的公司从事三维激光切割的比例不会低于20%。在亚洲,日本已有100台三维激光加工系统在工作,其中90%以上用于汽车工业;韩国已有5台从事立体激光切割[11],占韩国激光应用的3.7%。

目前,三维激光切割主要集中在汽车工业发达的美国、欧洲(主要是德国)、日本。表6-3给出了目前国外三维激光切割应用概况[53]。而国内只报道过一汽用500 W纵向CO_2激光数控切割"红旗"牌轿车曲面件。

表6-3　目前国外三维激光切割应用概况

行业	三维切割实例
汽车制造业	① 切割轿车车内装饰板、仪表盘等塑料配件; ② 切割车身原型样机; ③ 切割车身小批量零部件如各种表面覆盖件、侧架、发动机外罩(架子)、侧门、地板、行李仓(架子)、坐席等; ④ 汽车冲压零件模具的修边; ⑤ 汽车覆盖件等模具的切割; ⑥ 汽车排气管等管件的切割; ⑦ 汽车换型之后锻造支承件的切割; ⑧ 特制汽车车身、天窗、右方向盘等特殊结构的切割; ⑨ 切割右边驾驶型通风管道安装所需的开口和挡风玻璃雨刮系统所需的开口

（续表）

行业	三维切割实例
航天航空制造业	① 航空器外壳和翼板零件的修边； ② 飞机舱口、入口孔、仪表板的三维激光切割； ③ 飞机蒙皮、蜂窝结构、框架、翼桁、硼环氧尾翼壁板、直升飞机主旋翼、发动机机匣和火焰筒等飞机零件的激光切割； ④ F-16 飞机所需射线管的激光切割； ⑤ 喷气发动机钛零件及进、出气管道的切割
普通制造业	① 激光切割齿轮和割草机面板的修边； ② 激光切割三维板金零件； ③ 激光切割大型气轮机零件； ④ 激光切割管材（如石油勘探管道等）； ⑤ 激光车削复合材料、高强度钢、塑料及陶瓷材料等三维零件； ⑥ 激光切割造纸切边冲模； ⑦ 激光切割石英灯泡管、硼硅玻璃、石英管； ⑧ 激光切割冰箱内壁、摩托车 ABS 塑料挡板； ⑨ 激光切割钻头棒状毛坯

　　1985 年以后，五轴激光加工机的发展速度大大加快，加工机本身的功能也日益完善。日本、欧洲和美国等国家和地区率先在汽车工业上使用三维五轴激光切割机，完成车身原型机的制作（所有部件的划线由一次性的切割轮廓编制程序代替）、车身部件小批量的生产（特别结构的工业车辆、公共汽车、豪华轿车）、车身系列备件的加工（如已过时型号车使用的备件）、直接用于生产线上的特殊结构部件的加工（车顶窗、右侧转向器等）、汽车换型之后锻造支承件的切割、汽车排气管的切割等。与此同时，在航空航天工业中，成功地实现了激光机器人系统的三维金属切割，如航空器外壳和翼板零件的修边。

三、　三维激光切割在汽车制造中的应用

　　在汽车工业领域，激光切割是激光加工最主要的应用领域之一，从 1974 年开始，国际上相继出现了汽车车身和模具的激光切割生产线，尤其是汽车覆盖件的激光切割更具有独特的优势。汽车许多覆盖件上需要加工的部位很多，如边界以及众多大大小小的孔、洞。这些边、孔通常都是用冲压模具来完成的。在汽车样车和小批量生产中，大量使用三维激光切割机，对普通铝、不锈

钢等薄板、带材的切割加工,应用激光加工,切割速度已达 10 m/min,不仅大幅度缩短了生产周期,并且实现了生产的柔性化,加工面积减小了一半。通过改变加工程序就能对不同形状的孔、洞进行切割,由于它的加工效率高,所以比机械模具方式的加工费用减少了 50% 以上[36]。

激光切割在车身装配后的加工中十分有效,例如开行李架固定孔、顶盖滑轨孔、天线安装孔等。激光切割在新车型试制中更为有用,因为 90% 的汽车车身构件都能用激光切割轮廓或进行修整。德国大众汽车公司率先采用 500 W CO_2 激光器切割形状复杂的车身薄板及各种表面覆盖件,尤其是各种曲面件,为生产各种轿车零件提供了新方法,如激光切割汽车薄板(0.7~1 mm),速度可达 1 m/min,用激光切割 1.2 mm 厚不锈钢的工效比普通方式提高 5 倍。德国奔驰汽车厂的管材水冲激光切割已获得专利,这些管子是用来输送燃油、冷却剂、润滑油和废气的,而且输入输出接口都必须在侧壁开孔,常规的方法难以保证质量,且成本高,采用激光切割和管内冲水结合,可以得到理想的效果。这时水的作用是使激光切割时被吹出的热渣冷却,并随水冲走,同时清除管内壁残渣。因此,德国汽车公司现在都配置了三维激光切割系统,用于新车型的试制。它使加工周期缩短,同时又节省了开模具费用,充分体现出了激光加工的优势。美国的汽车制造商早在 1969 年,就把激光加工技术应用于汽车齿轮、制动片的加工(热处理)中。随着汽车市场的竞争日益激烈以及顾客的需要越来越多样化,为满足客户的不同需求,生产中需要频繁地更换工装夹具,增加许多专用的冲压模具,使生产成本不断提高。采用激光切割就很好地解决了这些问题,以美国通用汽车公司的卡车为例,仅车门就有直径为 2.8~39 mm 的孔 20 多种。激光切割可高速、高质量地切割形状复杂的轮廓或孔。通用公司用 Rofin-Sinar 的 500 W 激光器通过光纤连接到装在机械手上的加工头,用以切割这些孔,一分钟就可完成一扇门上所有孔的加工。孔边缘光滑、背面平整;$\phi 2.8$ mm 孔的公差在 $+0.03$~0.08 mm;$\phi 12$ mm 孔的公差在 -0.25~$+0.03$ mm。为了加工孔位、尺寸不同的门,应事先通过示教编好程序,加工不同的门板时,只要调用不同的程序就可以了。该公司生产的卡车和客车有 89 种孔径和孔位配置不同的底盘,经过优化设计,现只需要冲压五种基本底盘,再由激光切割出配置不同的孔,简化了工艺,提高了效率。美国还报道了 Amada 激光公司的清晰切割技术,它克服了通常激光切割后伴随的粘渣和切缝表面的氧化层,通过变换辅助气体可使切割清晰。这种清晰的激光切割对铝、不锈钢等切割后的表面可立即进行焊接,不会残留下屑渣也没有氧化层。

　　日本汽车工业在 1982 年时还没有开始使用激光,到 1991 年已装备了 2 000 多台 YAG 激光器和 CO_2 激光器。日本本田和丰田汽车公司富士工模具厂制造的由计算机控制的激光加工系统,可从毛坯上切割出平整的模具和汽车零件。日本已有约 60 台激光三维加工机,大部分是在汽车制造业中使用,切割厚 1 mm 薄板的粗糙度在 5 μm 以内,尺寸精度达 10~20 μm,最大切割厚度为 12 mm。日本还研究了称为"光洁切割",即清晰切割的无氧化、无挂渣激光切割方法,主要是提高切口下端氩气的运动能量和抑制角部熔化物的冷却凝固。汽车驾驶室底板因车型不同,有的开孔,有的无孔或改变开孔位置。在五十铃公司,由于冲压成形和经济性的要求,在白车身焊装线上安装了一台 YAG 激光切割机,按用户需要在底板上实时在线切割孔,大大减少了冲材模具数量,增加了生产线的柔性和生产效率。

　　20 世纪是汽车工业从初创到辉煌的世纪,由小批量生产进入了大规模生产阶段。21 世纪,汽车工业将步入能按用户要求进行柔性加工的精益生产阶段,传统的加工工艺将不能满足新生产方式的要求,汽车工业界出现的柔性模块式生产方式,为激光加工提供了广阔的舞台。

四、　三维激光切割应用实例——轿车覆盖件加工[36]

　　汽车是由多种材料、大量零件组成的现代高级工业产品。汽车行业代表着一个国家总体的工业水平,汽车制造业是国家的支柱产业。汽车生产中很多材料及零件的制造都适合采用激光加工。激光技术在国外汽车工业中已得到越来越广泛的应用,如发动机齿轮焊接、样车车身切割和焊接。而在我国应用最多的还是在激光热处理上。

　　轿车生产中进行新车试制时,由于批量小而且尚需不断完善,覆盖件上的孔洞往往都是工人们靠手工用等离子切割修边和切孔,然后用砂轮打磨修整,一个覆盖件少则几星期,多则数月才能完成,而且工人劳动强度大,周期长,产品质量难以保证。

　　国外汽车三维覆盖件的激光切割主要采用示教方式完成,示教编程需要编程人员操纵示教板逐点记录三维轨迹信息,编程速度慢。采用离线自动编程是激光加工编程的发展趋势,但由于自动编程系统复杂,成本高,国外也只有少数大汽车厂采用。

北京工业大学激光工程研究院采用自行开发研制的具有自主知识产权的激光三维加工 CAD/CAM 系统 Laser CAM 2000 和一汽轿车股份有限公司合作,成功地完成了轿车车身覆盖件的三维激光切割加工。

下面以大红旗轿车后备箱盖三维覆盖件为例,说明激光切割的加工过程。现代汽车的设计已经进入了数字化的时代,汽车三维覆盖件产品的 CAD 模型在汽车设计专用软件上由设计人员完成后,通过图形文件交换格式将 CAD 模型输入到 AutoCAD 中,在进行激光加工时先将待切割加工部分在产品上标明,然后从产品的三维 CAD 模型图形上的待切割部分提取加工轨迹,每一段加工轨迹都可以独立进行加工,也可以将所有加工轨迹通过规划一次加工完成,在实际加工前先在计算机上进行模拟加工和干涉检查,对发生碰撞的部位可以进行调整,直到无任何碰撞发生为止,最后由系统根据加工的材料和厚度自动产生 NC 加工代码。加工代码中的数据都是从计算机模型中得到的,计算机中的坐标系与机床坐标系往往不一致,解决的方法有两种:

(1)将计算机中的工件模型摆放(相对机床工装夹具)至与实际工件摆放完全一致;

(2)采用坐标变换,即将计算机坐标系下生成的 NC 加工代码转换为机床坐标系下的数据。

如图 6-41 所示为该大红旗轿车后备箱盖三维覆盖件激光切割结果。

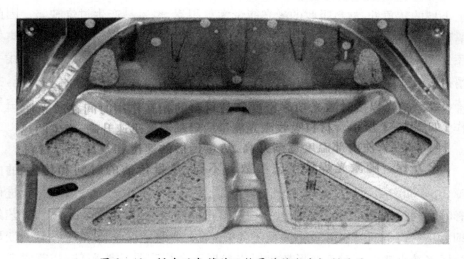

图 6-41 轿车后备箱盖三维覆盖件激光切割结果

五、　车身覆盖件三维激光切割特殊工艺分析[49]

1. 碰撞的工艺处理

车身覆盖件的曲面形状复杂,在进行三维激光切割时,切割头要追踪切割轨迹上各点的法线方向,需要不断地变换运动姿态。在运动过程中的某些特殊位置(如上下坡的转角处),如果切割头和切割轨迹上该点的法线方向保持一致,切割头可能会和工件发生碰撞。此外切割速度太高时,机床运动加速度增大,在进行上下坡转角切割时,切割头会产生抖动,易发生碰撞或超程,切割不能顺利进行。在实物切割时,如果发生碰撞将会导致切割头、聚焦镜片等设备的损坏。因此,需要检测切割头与工件是否产生碰撞。如果产生碰撞,则需要通过手动添加工艺点,调整切割头的方向,使其偏离法线方向一个角度(通常称为"入射角")等合理的工艺措施来消除碰撞。虽然入射角的存在会造成激光功率密度的减小,但是只要在该处降低切割速度,仍然能够达到较好的切割质量。

2. 爬坡转角过烧的工艺处理

对车身覆盖件进行三维激光切割时,在切割轨迹的上下坡转角处经常会出现法线密集现象,激光能量会在此处累积,特别是使用氧气作为切割的辅助气体,铁的氧化反应放出大量的热,容易产生过烧。此外切割速度太低时,在上下坡的转角处,材料吸收的激光能量大量积累,也容易产生过烧缺陷。因此需要采取适当的工艺措施加以改善。通过 PEPS 自动编程软件在法线密集处添加多个工艺点,并手动修改各工艺点的法线方向,使各工艺点之间的法线平滑过渡,均匀转向,从而改变法线的密集程度;在转角处应该使用脉冲激光,并降低激光功率,减小占空比,避免激光能量在此处的积累;在转角处采用空气作为切割辅助气体,可以降低因剧烈氧化放热而产生过烧的缺陷。

3. 工件变形的工艺处理

在车身覆盖件的实际生产过程中,覆盖件拉伸成型时都有不同程度的回弹变形,和产品的数模存在一定的误差,会对切割轨迹的位置产生影响,进而影响切割的精度。因此,在用激光切割变形的覆盖件时,需采取合适的工艺处理方法。对于回弹变形较小的覆盖件,通常在非碰撞区域添加压钳压紧变形位置来减小变形。对于变形较大但仍然属于合格产品的覆盖件,切割时会出现多处碰撞和超程。这时,需要在由数模编制的程序基础上进行手动修改,即关闭激光光闸,降低机床运动速度,运行数控程序,如果发生碰撞或超程,则机床会自动停止。切割头停止的位置则为变形较大的位置,然后通过观察,根据实际变形量的大小,反复手动修改原程序的点坐标值来完善程序,直到该位置不再出现碰撞和超程为止。

第四节　光纤激光器及其在激光切割中的应用

一、光纤激光器简介[23, 25, 27]

随着光纤制造工艺与半导体激光器生产技术的日趋成熟,以光纤为基质的光纤激光器,在降低阈值、振荡波长范围、波长可调谐性能等方面取得明显进步,已成为目前激光领域的新兴技术,也是众多热门研究课题之一。光纤激光器采用掺稀土元素光纤作为增益介质,泵浦光在纤芯内形成高功率密度,造成掺杂离子能级的"粒子数反转",当适当加入正反馈回路(构成谐振腔)时,便产生激光输出。光纤激光器的应用范围非常广泛,包括光纤通信、激光空间远距通信、造船、汽车制造、激光雕刻、激光打标、激光切割、印刷制辊、金属非金属钻孔/切割/焊接(铜焊、淬水、包层以及深度焊接)、军事国防安全、医疗器械仪器设备、大型基础建设等。

1. 光纤激光器的基本原理

光纤激光器和其他激光器一样,由能产生光子的工作介质、使光子得到反馈并在工作介质中进行谐振放大的光学谐振腔和激励光跃迁的泵浦源三部分组成,只不过光纤激光器的工作介质是同时起着导波作用的掺杂光纤,因此,光纤激光器是一个波导型的谐振装置。光纤激光器一般采用光泵浦方式,泵浦光被耦合进入光纤,泵浦波长上的光子被介质吸收,形成粒子数反转,最后在光纤介质中产生受激辐射而输出激光,因此,光纤激光器实质上是一个波长转换器。光纤激光器的谐振腔一般由两面相对的平面反射镜组成,信号以波导的形式在腔内传输。谐振腔的腔镜可直接镀在光纤截面上,也可以采用光纤耦合器、光纤圈等构成谐振腔。光纤激光器的基本结构如图6-42所示[25]。

图 6-42　光纤激光器的基本结构

　　由于光纤激光器采用的工作介质具有光纤的形式,其特性要受到光纤波导性质的影响。进入到光纤中的泵浦光一般具有多个模式,而信号光也可能具有多个模式,不同的泵浦模式对不同的信号模式产生不同的影响,使得光纤激光器和放大器的分析比较复杂,在很多情况下难以得到解析解,不得不借助于数值计算。光纤中的掺杂分布对光纤激光器也产生很大的影响,为了使介质具有增益特性,将工作离子(即杂质)掺杂进光纤。一般情况下,工作离子在纤芯中均匀分布,但不同模式的泵浦光在光纤中的分布是非均匀的。因而,为了提高泵浦效率,应该尽量使离子分布和泵浦能量的分布相重合。在对光纤激光器进行分析时,除了基于前面讨论的激光器的一般原理,还要考虑其自身特点,引入不同的模型和采用特殊的分析方法,以达到最好的分析效果。

　　和传统的固体、气体激光器一样,光纤激光器也是由泵浦源、增益介质、谐振腔三个基本要素组成。泵浦源一般采用高功率半导体激光器,增益介质为稀土掺杂光纤或普通非线性光纤,谐振腔可以由光纤光栅等光学反馈元件构成各种直线型谐振腔,也可以用耦合器构成各种环形谐振腔。泵浦光经适当的光学系统耦合进入增益光纤,增益光纤在吸收泵浦光后形成粒子数反转或非线性增益并产生自发辐射。所产生的自发辐射光经受激放大和谐振腔的选模作用后,最终形成稳定激光输出。

　　2. 光纤激光器的分类

　　光纤激光器种类很多,根据其激射机理、器件结构和输出激光特性的不同等可以有多种不同的分类方式。根据目前光纤激光器技术的发展情况,现按不同的分类依据汇总见表 6-4[23]。

表 6-4　光纤激光器分类

分类依据	光　纤　激　光　器
谐振腔结构	FP 腔、环形腔、环路反射器光纤谐振腔以及"8"字形腔 DBR 光纤激光器、DFB 光纤激光器
光纤结构	单包层光纤激光器、双包层光纤激光器

（续表）

分类依据	光 纤 激 光 器
增益介质	稀土类掺杂光纤激光器、非线性效应光纤激光器、单晶光纤激光器、塑料光纤激光器
工作机制	上转换光纤激光器、下转换光纤激光器
掺杂元素	铒（Er3＋）、钕（Nd3＋）、镨（Pr3＋）、铥（Tm3＋）、镱（Yb3＋）、钬（Ho3＋）等 15 种
输出波长	S 波段（1 280～1 350 nm）、C 波段（1 525～1 565 nm）、L 波段（1 565～1 620 nm）可调谐单波长激光器、可调谐多波长激光器
输出激光	脉冲激光器、连续激光器

3. 光纤激光器的特点[26]

由于光纤激光器在增益介质和器件结构等方面的特点，与传统的激光技术相比，光纤激光器在很多方面显示出独特的优点。这些优点可以归纳为以下几个主要的方面：

（1）光纤激光器在低泵浦下容易实现连续运转。

（2）光纤激光器为圆柱形结构，容易与光纤耦合，实现各种应用。

（3）光纤激光器的辐射波长由基质材料的稀土掺杂剂决定，不受泵浦光波长的控制，因此可以利用与稀土离子吸收光谱相应的短波长激光二极管作为泵浦源，得到中红外波段的激光输出。

（4）光纤激光器与目前的光纤器件，如调制器、耦合器、偏振器等相容，故可制成全光纤系统。

（5）光纤激光器结构简单，体积小巧，操作和维护运行简单可靠，不需要像半导体激光泵浦固体激光器系统中的水冷结构等复杂没备。

（6）与灯泵激光器相比，光纤激光器（尤其是高功率双包层光纤激光器）消耗的电能仅约为灯泵激光器的 1％，而效率则是半导体激光泵浦固体 YAG 激光的 2 倍以上。

（7）因为光纤只能传输基本的空间模式，所以光纤激光器的光束质量不受激光功率运作的影响，尤其是高功率双包层光纤激光器具有轴心功率高、散热面积大、光束质量好等优点，输出的激光具有接近衍射极限的光束质量。

上述特点使得光纤激光器在很多应用领域与传统的固体或气体激光器相比显示出明显的独特优势。

二、　　光纤激光切割技术应用

1. 光纤激光器在常见激光加工中的应用

目前,在全球市场上应用的光纤激光器已经超过百种型号,应用范围广泛。按照输出功率可以依次分为三个层次:低功率光纤激光器(低于 50 W),主要应用于微加工、打标、调阻、精密钻孔、喷码、金属雕刻等;中功率光纤激光器(50～500 W),主要应用于薄金属板的切割、打孔、焊接和表面处理;高功率光纤激光器(高于 1 000 W),主要应用于厚金属板材的切割、特殊板材的三维加工、金属表面的熔覆等。

光纤激光器与 YAG 激光器相比,具有一系列的优点:

(1) 输出功率高达 20 kW,是目前国际上功率最高的激光器。波长在 1.070 μm 附近,对大部分材料吸收效率较高。可用于焊接、切割、打标、雕刻、熔覆及再制造等各类激光加工作业。

(2) 体积小,重量轻,便于移动。光束质量优良(11.6 mm·mrad),焦点光斑直径较小(10～100 μm),光束在光纤中几乎呈平行传输,易于和机械手配合,实现激光远距离加工。

(3) 总体光电转换效率高达 25%～30%。寿命取决于半导体泵浦源,可以长时间稳定工作,维护方便,运行成本低。

2. 光纤激光器在激光切割技术中的应用

前已述及,激光切割是利用经聚焦的高功率密度激光束照射工件,使被照射处的材料迅速熔化、汽化、烧蚀或达到燃点,同时,与光束同轴的高速气流吹除熔融物质,从而实现割开工件的一种热切割方法。

决定切割动态的参数有波长、功率、光束质量和光斑大小等,脉冲光纤激光主要用于薄金属的精细切割,而连续光纤激光则用于切割各种有厚度的材料,最厚可达 1.5 in(约为 3.81 mm)。波长 1.070 μm 的掺镱光纤激光器是激光切割的理想光源,光纤激光器在切割领域的优点包括工作波长可调范围宽(0.38～4.0 μm),易于获得高光束质量的千瓦级甚至兆瓦级超大功率输出,具有良好的光束质量,并且有效功率范围大、功率稳定、光斑小等。光纤激光器的动态工作功率范围非常大,即使激光功率发生变化,光束焦点及其位置依然保持固定,从而使每次的处理结果始终保持一致。通过改变光学装置可大范围地改变光斑尺寸,从而允许终端用户根据切割材料和壁厚选择相应的功率密度。光纤激光器光束质量高,光斑小,脉冲能量高,非常适合薄材料的精细切割。脉冲切割方式产生的熔渣和热影响区极小,是许多微加工领域必不可少的切割方式。光斑小,功率密度就高,相应的切割速度就快,切缝质量就好。

光纤激光器脉冲调制可以实现对心血管支架、太阳能电池板硅片、模具等的切割。高功率多模激光通常用于薄板材和厚板材的连续切割。由于景深大、光斑小,厚金属切割时形成的切口小、切壁直。

高功率多模激光切割的常见应用领域包括汽车车身零件的三维切割,航空领域铝、钛合金材料的铆钉孔切割,造船和钢铁行业的厚钢板切割。

由于光纤激光器在效率、散热、光束质量等方面的明显优势,特别是近年来的强劲发展,及其在整个激光市场的份额不断扩大,业已引起人们的广泛关注,高功率光纤激光研究已成为国际上激光技术领域研究的热点。国内越来越多的公司和科研单位投入到光纤激光切割研究之中,但是到目前为止,仍与国外有很大差距,一些关键技术还有待解决,如特种光纤技术、包层泵浦耦合技术、光纤光栅技术、半导体泵浦激光技术和光纤激光器整机技术等。随着市场需求量的增长和生产工艺的流水线化,半导体泵浦激光器和光纤组件的生产成本将会显著降低,未来的光纤激光器会有广阔的发展前景。

三、　光纤激光器的发展前景[23, 25]

本节将介绍几种高性能光纤激光器,并简要地展望光纤激光器的发展方向。

1. 几种高性能光纤激光器

(1) 高功率光纤激光器。高功率、高亮度多模半导体激光器的改进和包层泵浦光纤技术的发展,使得高功率光纤激光器呈现出一片光明的前景。与传统固体激光器相比,高功率光纤激光器具有转换效率高、光束质量好、散热方便等优势,是国际上激光技术研发领域的最大热点之一。近几年来,随着单根光纤输出功率的不断提高,高功率光纤激光器的应用前景更为看好,并已在光通信、材料加工和处理、医学、印刷等领域得到迅速的应用,有逐步替代现有传统高功率激光器的趋势。

(2) 窄线宽光纤激光器。窄线宽光纤激光器已经在传感和高精度光谱方面取得卓越的成就,它是光纤激光器研究的一个热点,该传感器在应用方面具有结构简单、体积小、抗电磁干扰能力强以及可远程控制等优点,在军事应用上它具有高的灵敏度和波分复用的多路传输的性能。现在可以实现的单纵模输出带宽为 2 kHz 以下，功率超过 100 mW。在相干通讯、频率锁定以及大功率激光器的优良光源优势明显，并且窄线宽光纤激光器还具有窄线宽、低噪声等优点。

（3）超短脉冲光纤激光器。超短脉冲激光器也是目前光纤激光器研究的一个热点，它主要应用的是被动锁模技术。与固体激光器相同，光纤激光器也是根据锁模原理产生短脉冲的激光输出。当光纤激光器在增益带宽内大量纵模上运转时，当每个纵模相位同步、任意相邻纵模相位差为常数时，就会实现锁模，谐振腔内循环的单个脉冲经过输出耦合器输出能量。光纤激光器分为主动锁模光纤激光器和被动锁模光纤激光器。主动锁模调制能力限制了锁模脉冲的宽度，它的脉冲宽度一般是皮秒(ps)量级。被动锁模光纤激光器是利用了光纤或者其他的光学元件的非线性光学效应实现锁模的。激光器结构简单，在一定条件下不需任何调制元件就可以实现自启动锁模工作。启用被动锁模光纤激光器可以输出飞秒(fs)量级的超短脉冲。

超短脉冲光纤激光器已经用在超快光源上，形成多种时间分辨光谱技术和泵浦技术。超短脉冲发生技术是实现超高速光时分复用(OTDM)的关键技术。超短脉冲光纤激光器几乎遍及材料、生物、医学、化学、军事等各个领域。

（4）双包层光纤激光器。双包层光纤激光器是新型光纤激光器发展的代表，它的优点在于不需要将泵浦能量直接耦合到模场直径相对较小的光纤中去，它可以采用低成本的、大模场（多模）、高功率的半导体激光器作为泵浦源。因为这个优势，近几年来，双包层光纤激光器研究受到了极大的关注。双包层光纤激光器在提高功率方面，采用将多个光纤激光器的输出合并，来满足工业和军事需要的激光器（功率为 $1\sim1\,000$ kW）。双包层光纤激光器是由同心的纤芯、内包层、外包层以及保护层组成，内包层和外包层有同心的圆截面结构，双包层的直径远大于纤芯的直径。纤芯中掺入稀土元素铒、镱、铷等，与单模光纤纤芯一样，具有很大的折射率，用来传输单模信号光。

Hindeur 等报道了能产生高能量飞秒级脉冲的侧向泵浦的掺 Yb3＋双包层光纤激光器，锁模是自启动的，激光器能产生波长 $1.05\,\mu m$ 的 670 fs 的内腔压缩脉冲，每个脉冲的能量是 24 nJ。实验选用双包层 Yb3＋光纤作为增益介质，光纤最佳长度是 4 m，纤芯直径是 7 μm，光纤内包层采用方形结构，截面面积为 $(125\times125)\,\mu m^2$，泵浦源采用波长为 975 nm、最大输出为 3.7 W 的激光二极管，系统采用环形腔结构。一个与偏振相关的光隔离器，既消除了背向散射，又可作为偏振器，内腔压缩脉冲由色散延迟线形成。

（5）超连续谱（SC）光纤激光器。由于在密集波分复用（DWDM）系统中的潜在应用，光纤中超连续谱的出现引起人们的极大兴趣。然而，大部分 SC 光源需要有一个高峰值功率的短脉冲和诸如色散位移光纤之类的特殊光纤，或需要空气-硅微结构光纤来延展光谱带宽。Ranka 等报道了利用 100 fs 脉冲序列和空气-硅微结构光纤，获得了波长为 800 nm 的超连续谱。Takara 等实现了间距为 12.5 GHz、超过 1 000 个信道波长的超连续谱输出，能满足传输速率为 2.5 Gbit/s 的长距离传输。

最近，Prabhu 等报道了通过将单模光纤和反馈光纤 Bragg 光栅连接到 2.22 W、1 484 nm 的拉曼光纤激光器上，可产生宽带超连续谱，0～1 dBm 的带宽为 93 nm，平均功率为 2.1 W。

（6）光子晶体光纤（PCF）激光器。PCF 可以称为多孔光纤，它主要是在石英光纤中沿光纤轴向有规律排列着空气孔。光纤的核心是一个破坏折射率调制周期性的空气孔构成的缺陷，也可以用石英或者掺杂的石英代替，构成 PCF 的纤芯。光子晶体激光器主要体现在独特的光学特性和巧妙的设计上，它主要利用光子晶体光纤的零色散点可以选择近红外和可见光区域这一区别于常规光纤的显著特点，目前已经研制出性能比较卓越的 PCF 光孤子脉冲激光器和 PCF 超连续谱激光光源。PCF 光纤激光器的优点体现在利用大模面积稀土掺杂 PCF，已经研制出功率很高的大功率光纤激光器，同时它还提高了单模输出的能力。

2. 光纤激光器的发展展望

随着光通信网络及相关领域技术的飞速发展，光纤激光器技术正在不断向广度和深度方面推进。由于光纤激光器具有价格低廉、制作灵活、容易把能量耦合到光纤中等优点，日益成为各国研究的热点。技术的进步，特别是以光纤光栅、滤波器、光纤技术等为基础的新型光纤器件的陆续面市，将为光纤激光器的设计提供新的对策和思路。随着密集波分复用系统的发展，可变波长的多波长光纤激光器越来越受到人们的重视。相信随着技术的日益成熟，光纤激光器在不久的将来有可能代替半导体激光器成为光纤通信系统中的主要光源。尽管目前多数类型的光纤激光器仍处于实验室研制阶段，但已经在实验室中充分显示了其优越性。目前光纤激光器的开发研制正向多功能化、实用化方向发展。

未来光纤激光器的研究、发展包括以下几个主要方向：

（1）进一步提高光纤激光器的性能，如继续提高输出功率，改善光束质量；

（2）扩展新的激光波段，拓宽激光器的可调谐范围，压窄激光谱宽；

（3）开发极高峰值的超短脉冲（皮秒量级和飞秒量级）高亮度激光器；

（4）进行整机小型化、实用化、智能化的研究。

而近几年光纤激光器的研究热点仍将以高功率光纤激光器、超短脉冲光纤激光器和窄线宽可调谐光纤激光器为主。可以预见，光纤激光器将成为半导体激光器的有力竞争对手，必将在未来光通信、军事、工业加工、医疗、光信息处理、全色显示和激光印刷等领域中发挥重要作用。

第七章

激光切割故障信息及故障排除

前已述及,激光切割以其切割速度高、切缝窄、切割质量好、热影响区小、加工柔性大等优点在现代工业中得到广泛的应用,同时它也是激光加工技术中最为成熟的技术之一。作为新技术、新设备,激光切割应用不免会产生问题或故障,本章以上海团结普瑞玛激光设备有限公司生产的激光切割设备为例,介绍激光切割中可能产生的故障及其处理方法,以及激光切割中常见问题分析及解决措施。

第一节 CNC 及驱动故障处理

一、 CNC 及与激光切割相关的故障及处理方法

有关 CNC 及与激光切割相关的故障信息及处理方法见表 7-1。

表 7-1 激光切割故障信息及处理方法

序号	英文信息	中文释义	处理方法
1	ERR1 Z-Axis Servo not ready	z 轴或 u 轴没有准备好	查看电气柜中 z 轴或 u 轴驱动单元的报警号,并查找手册中关于松下驱动器报警部分
2	ERR2 Sercos Axes Servo not ready	伺服没准备好	查看电气柜中发格驱动单元的报警号,并查找手册中关于发格驱动器报警部分
3	ERR3 Capactive cable cut	切割头传感器电缆断	更换电缆

（续表）

序号	英 文 信 息	中文释义	处 理 方 法
4	ERR4　　　Capactive body touch	切割头碰撞	1. 检查电容切割头喷嘴是否接触金属。 2. 检查陶瓷体有无裂纹
5	MSG1 Air pressure low	空气压力低	1. 检查空气气压是否过低。 2. 检查压力传感器。 3. 检查压力传感器 CNC 联线是否有故障
6	MSG2 Oxygen pressure low	氧气压力低	1. 检查氧气压力是否过低。 2. 检查压力传感器。 3. 检查压力传感器 CNC 联线是否有故障
7	MSG3　　　　Machine interupt (CYCLE STOP)	按了 CNC 面板上的停止按钮	重新启动
8	MSG4　　　Capactive body touch	电容切割头本体碰撞报警	检查电容切割头陶瓷体上面部分有无接触金属
9	MSG6　　　Capactive nozzle touch	电容切割头喷嘴碰撞	1. 检查电容切割头喷嘴是否接触金属。 2. 检查陶瓷体有无裂纹
10	MSG7　Laser　H-Voltage not ready	激光器高压没准备好	1. 检查激光器高压有无选择。 2. 检查激光器有无报警
11	MSG8　Mechanical shutter not open	CNC 输出开光闸命令，但激光器光闸没有打开	1. 检查激光器有无报警。 2. 检查激光器红光指示灯有无故障。 3. 检查激光器到机床的线路有无故障
12	MSG9　Mechanical shutter not closed	CNC 输出关光闸命令，但激光器光闸没有关闭	1. 检查激光器有无报警。 2. 检查激光器红光指示灯有无故障。 3. 检查激光器到机床的线路有无故障
13	MSG10　　Reference not down	机床参考点有一个或多个没有返回	1. 单轴分别回参考点，判断哪个轴无法回参。 2. 检查无法回参的轴参考点行程开关位置及撞块是否在位。 3. 检查参考点线路
14	MSG11　Nitrogen Pressure	氮气压力低	调整氮气压力

二、　控制及驱动系统故障信息与处理

普瑞玛激光切割设备的控制系统包括 PMC - 1000 控制系统和 PMC - 2000 控制系统,驱动系统包括 FAGOR AXD 驱动系统、FAGOR MCS 驱动系统、松下 A4 系列驱动系统和松下 A5 系列驱动系统,出现故障都以编码形式(如 001 错误、999 错误等)警告,所有故障信息及处理有数千条,内容繁复,用户可查阅相应使用手册[42],这里不予详述。

第二节　激光器故障处理

普瑞玛激光切割设备的激光器包括 CP 系列、DC 系列和 PRC 系列,现以 DC 系列激光器为例,介绍其故障信息及故障排除,见表 7 - 2。

表 7 - 2　DC 系列激光器故障信息及故障排除

主电源故障:

输入点	解　　释	报警结果	激光器显示内容
	主电源电压误差超过 10%或输入相序错误	主电源、计算机、高压电源关闭	显示关闭(也可能没有文字显示)
	电源输入电压错误	高压电源关闭	Main Voltage/Va

状态信息:

输入点	解　　释	报警结果	激光器显示内容
—	谐振腔正在抽真空(在真空测试或激光气体更换过程中)	高压锁定	EVACUATION
—	激光气体正在更换。该功能可以用服务菜单对应的功能键激活	高压锁定	GAS EXCHANGE
—	谐振腔正在充气(激光气体在更换)	高压锁定	GAS FILLING
—	主电源关闭 处在准备启动主电源状态	高压锁定	MAINS OFF

（续表）

输入点	解　释	报警结果	激光器显示内容
—	真空测试正在进行。 真空测试可在服务菜单中用开关 ON 或 OFF 完成	高压锁定	VACUUM TEST
X100.2 X100.4	当主电源按钮 ON 之后，RF 管的灯丝 ON 之前，电脑将检测正确的冷却水流量，最多不超过 3 min	高压锁定	WATER TEST
	报警信号： 激光气体压力超过真空室上限，该信息表示激光气体需要立即更换	无	CAVITY PRESSURE
X100.7	报警信号： 气瓶中的激光气体压力太低（＜3 MPa）或气瓶没打开（S26 压力开关）	气体无法更换	* GAS BOTTLE PRESSURE
—	报警信号： 72 h 没有更换气体，在未来 24 h 内高压将被锁定	还可以继续工作 24 h	* GASCHANGE IN MAX 24 h
X130.6	报警信号： 真空泵电机的断路器 Q4 跳闸	气体无法更换	* I ＞ VACUUM PUMP
X140.4	报警信号： 激光警示灯的电流监视继电器没给出反馈信号（警示灯故障）	无	LASER WARNING LAMP
X100.5	报警信号： 激光束望远镜系统的压力开关或温度传感器 S24 已断开。 激光器使用的高纯氮气压力低	高压锁定	* PRESS/T. TELESCOPE
—	报警信号： 激光器的一个或更多元件已经达到服务周期（需要维护）。每 2 000 h 出一次	无	SERVICE INTERVAL
all X …	24 V 电源关闭（当没有 24 V 电源时，故障报警不能显示，因为显示器也是由 24 V 电源提供的）	主电源关闭	* 24 V SUPPLY

（续表）

输入点	解　释	报警结果	激光器显示内容
X14/X24	1. 连接 LasConCPU X24 和 LasConIO X14（CAN bus）之间的电缆中断。 2. 在 LasConCPU X14 或 LasConIOX24（在每个盒子中 2 脚和 7 脚之间 120 Ω）的终端电阻脱落。 3. LasConIO 不是在"module 1"的位置（必须旋转 LasConIO 的开关设定一次，在 module 运行期间，从位置"0"到"1"）	主电源关闭,高压关闭	* CAN BUS ERROR
X110.2	水温超出最大或最小的设定范围	高压锁定	* COOLING WATER TEMP.
—	谐振腔抽真空超过最大允许时间	高压锁定/停止气体更换	* EVACUATION TIME
X100.6	RF 发生器风扇的动态压力计 S25 测量的动态压力太低或相序错误	高压和真空泵锁定	* FAN RF GENERATOR
—	充气到真空室的最大允许时间超过。可能气瓶没打开或瓶没气	高压锁定停止气体更换	* GAS FILL TIMEOUT
X100.7 X130.6	出现激光气体更换故障,或不能进行气体更换	高压锁定停止气体更换	* GAS CHANGE FAULT
—	必须更换激光气体。可能原因: 1. 最后一次更换气体已超过 96 h。 2. 水温没有到 21 ℃就启动了激光器。 3. 激光器腔体泄漏	高压锁定	* GAS CHANGE REQUIRED
X110.1	RF 管的栅极控制测量到平均栅极电流太大	高压锁定	* GRID CURRENT
X130.2	检测到高压电源过流或短路	高压锁定	* HV OVERCURRENT
X140.6	高压软启动装置未给出反馈信号	高压锁定	* HV SOFTSTART FAULT

（续表）

输入点	解　释	报警结果	激光器显示内容
X130.2	高压过流测量没有给出反馈信号	主电源和高压锁定	* HV MONITORING
X130.7	（激光头或控制柜）风扇电机的断路器 Q5 或 Q6 跳闸	高压锁定	* I▷FANS
X130.5	RF 管灯丝的断路器 Q3 跳闸	高压锁定	* I▷FILAMENT
—	检测到高压电源过流	高压锁定	* Ia OVERCURRENT
X120.5	激光头的门或外部互锁开路	高压锁定	* INTERLOCK/DOORS
X140.5	当高压被锁定时,高压接触器 K1 没有断开	主电源和高压锁定	* K1 FAULT
X130.8	当主电源被锁定时,主电源接触器 K3 没有断开	主电源和高压锁定	* K3 FAULT
—	激光功率超过最大/最小允许范围（检查激光器高纯氮气质量和供电,如果排除则可能需要维护）	高压锁定	* LASER　POWER LIMIT
X140.4	激光辐射警示灯的电流监视继电器没有反馈信号（激光辐射警示灯损坏）	高压锁定	* LASER WARNING LAMP
X-Laser X4.1/6	激光功率测量回路电流低于 3.5 mA（正常 4～20 mA）	高压锁定	* POWER MEASURE
X-Laser X4.2/7	腔压测量回路电流低于 3.5 mA（正常 4～20 mA）	主电源和高压锁定	* PRESSURE MEASURE
—	真空室的压力不在工作压力范围内	高压锁定	* PRESSURE RANGE
X140.1 X140.2 X140.3	光闸没有给出反馈信号或反馈信号太慢	主电源和高压锁定	* SHUTTER FAULT
X130.1	监视高压电源变压器的温度传感器 S16 中断	高压锁定	* TEMP. HV TRANSF.
X120.6	在控制柜中监视高压电源的温度传感器 S14 或 S15 中断	高压锁定	* TEMP. HV CABINET

（续表）

输入点	解　　释	报警结果	激光器显示内容
X100.1	监视 RF 管冷却水温度的温度传感器 S20 中断	高压锁定	* TEMP. RF TUBE
X100.3	监视管冷却水温度的温传感器 S22 中断	高压锁定	* TEMP. WATER
X110.3	监视光闸温度的传感器 S33、S34、S35 或 S36 中断	高压锁定	* TEMP. SHUTTER
X-HV X4.1/6	1. 只有激光器起始安装时,确认高压变压器 400 V/480 V 连接是否正确? 2. 见 Service/Analog 服务菜单,例如:fig. 6.2/16 b; 3. 监视阳极电压(Va),即 VaMIN 和 VaMAX;Inform ROFIN-SINAR Service	高压锁定	* Va LIMIT
	未安装	高压锁定	WATER CONDUCTIVITY
X100.4	监测冷却水流量的流量计 S23 中断		* WATERFLOW
X100.2	监测 RF 管冷却水流量的流量计 S21 中断	高压锁定	* WATERFLOW RF TUBE

第三节　水冷机故障处理

一、　常见故障及其处理

1. 开机后温度控制器显示不正常

故障原因:

(1) 温度传感器断路或受潮,就更换温度传感器。

(2) 温度控制器损坏。

(3) 温度控制器在设定温度低于显示温度时,6 号线应有 220 V 电压,制冷状态指示灯亮,KA1 继电器吸合。

2. 制冷状态指示灯亮

机组在对循环水进行制冷降温时,温度控制器显示温度高于设定温度上限(SPH)。如果制冷状态指示灯亮后,SR4025 显示温度不下降或机组低压保护并停机,说明 SVC 电磁阀可能已损坏或制冷系统制冷剂泄漏。

3. 压缩机不启动

按相应机组型号依次检查各保护点。

4. 水箱缺水

循环水箱内水位不足,冷水机将停止工作,应及时向循环水箱内添加规定要求的循环水。

二、 疑难故障处理

1. 开机后水泵无法启动,温控仪也无温度显示

检查项目如下:

(1)测 2 号线对 N 是否有 220 V 电压,如无说明熔丝损坏。水位保护报警时冷水机也将无法启动。

(2)打开开关,测试 5 号线是否有 220 V 电压,如无说明开关损坏。

(3)测 7 号线是否有 220 V 电压,如无可能 FR1 热保护器保护或损坏。

(4)如 7 号线有 220 V 电压而 KM1 接触器不吸合,可能接触器损坏。

(5)如以上均正常而水泵不转,可能 KM1 主触头损坏或水泵损坏。

2. 开机后温控显示失控

检查项目如下:

(1)检查温控探头是否断线或探头受潮。

(2)检查温控器是否损坏。

(3)温控器在水温高于设定温度时 6 号线应有电(否则说明温控器损坏),SVC 电磁阀通电,机组处于降温状态。温控器在水温低于设定温度时 6 号线应无电(否则说明温控器损坏),SVC 电磁阀不通电,如为连续控制状态 SVH 电磁阀通电,机组处于旁通加热状态。此时如果机组运行模式为"连续控制模式",则 SVH 电磁阀通电,压缩机也运行,机组处于旁通辅助加热状态,直到水温高于设定温度后才再次进入降温状态。

此时如果机组运行模式为"启停控制模式",则 SVC/SVH 电磁阀均不通电,压缩机停止运行,机组直到水温高于设定温度后才再次进入降温状态。

3. 机组运行但不制冷或制冷量不够

应检查冷凝器上灰尘是否过多并进行清理,是否有风机停转或者制冷系统有泄漏。

第四节　空压机故障处理

普瑞玛激光切割设备的空压机包括阿特拉斯空压机和英格索兰空压机,现以阿特拉斯空压机为例,列出空压机故障原因及排除方法,见表 7 - 3。

表 7 - 3　阿特拉斯空压机故障原因及排除方法

故障现象	故障原因	故障排除方法
空压机开始运行,但过了延迟时间仍不加载	电磁阀(Y1)失灵	更换电磁阀
	进气阀(IV)卡死在关闭位置	检查进气阀
	控制进气软管有泄漏	更换有泄漏的软管
	最小压力阀漏气	检查最小压力阀
	定时器失灵	更换定时器
空压机的排气量或排气压力低于额定值	耗气量超出压缩机产气量	检查系统管路连接
	空气过滤器堵塞	更换空气过滤器滤芯
	电磁阀(Y1)失灵	更换电磁阀
	控制进气软管有泄漏	更换有泄漏的软管
	进气阀(IV)未完全打开	检查阀门
	油气分离器(OS)滤芯堵塞	更换油气分离器滤芯
	安全阀泄漏	更换安全阀
输出空气温度过高	冷却风量不足或冷却风温度过高	改善机房通风条件防止热风回流
	油位太低	必要时检查并加油
	油冷却器堵塞	清洁油冷却器
	温控旁通阀失灵	测试温控旁通阀
	空气冷却器堵塞	清洁空气冷却器
	温度开关故障	检查温度开关
	压缩机机头(E)失灵	请联系我公司

第五节　交换工作台故障处理

1. 变频器故障灯亮

在单动方式下按复位按钮(SBC04)解除。如果不能排除请检查变频器屏幕显示,并与制造商联系。

2. 超程灯亮

转入单动方式,按住超程解锁按钮不松手,再进行工作台的升和降的操作。

此时,千万注意升降方向,以免碰撞设备。并且,超程灯熄灭后必须松开超程解锁按钮,以免再次发生超程和碰撞。

3. 不同步灯亮

转入单动方式,按住"不同步解锁"按钮不松手,再进行工作台的降的操作。下降完全到位后松开"不同步解锁"按钮。

第六节　激光切割中常见问题分析及解决措施

激光切割是一个复杂的过程,影响激光切割的因素很多,所以在切割过程会经常遇到一些问题。以下介绍激光切割中常见问题及解决措施。

一、切不透

激光切割会经常遇到切不透的情况,引起的原因和解决措施见表7-4。

表7-4　激光切割过程中切不透的原因及解决措施

切不透的原因	解决措施
激光功率下降或灯管老化	更换激光管
切割速度过快	降低切割速度
聚焦镜、反射镜受到污染	用棉纸蘸着无水乙醇清洗
聚焦镜片开裂或者聚焦效果差	更换聚焦镜片

（续表）

切不透的原因	解　决　措　施
焦点位置不当	重新校对激光焦点
光路不正	重新调整光路
材料问题	如切割铜、铝时，由于它们的反光率很高，所以切割前需打磨其表面使其变粗糙或者涂吸光材料
喷嘴出光口堵塞	清理喷嘴内的异物
没有通辅助气体或者气压不够	增大辅助气体的压力，检查辅助气体的种类，适当调整气体的压力
冷却系统的水太脏、散热效果差	换纯净水，最好是蒸馏水，pH7～8 之间

二、　切割封闭线的起点和终点不重合

引起原因及解决措施：

（1）工作台中齿轮和轴之间的键连接松动。可重新上键并牢固固定。

（2）x 轴导轨和 y 轴导轨不垂直。可用磁力表座配合千分表调整 x、y 轴导轨的垂直度。

（3）x、y 轴的传动带松动。可上紧皮带螺钉来紧固。

（4）滑块和导轨之间的间隙过大。可更换滑块。

（5）齿带过松，产生反向间隙。可拉紧齿带。

三、　激光能量不足

1. 主要原因：

（1）激光功率下降或灯管老化；

（2）激光输出能量太低；

（3）激光器内光路螺丝松动，造成光路不正；

（4）激光器腔体内灰尘过多，污染了膜片架，造成不透光；

（5）冷却系统长时间开机而不开激光电源，引起结冰不出光现象。

2. 解决措施：

（1）更换激光管；

（2）重新设置激光输出能量，加大电流；

（3）重新调节光路，调好后拧紧螺钉；

（4）用棉纸蘸着无水乙醇清洗膜片架，如果膜片架受到损伤则需更换；

（5）关掉机床电源至少 1 h 后再开机。

四、　切割件穿孔点位置没切透而后面切透

在工件上加工开始切割所需要的孔称为穿孔。由于穿孔点的形成需要一段预热时间，因而在其周围形成热影响区，加上穿孔点的直径比正常切缝大，因此穿孔点处的加工质量就比较差，有时甚至穿孔点处就没切透。

解决措施：

（1）在切割路线的起点附近设置一个穿孔点，也就是将穿孔点设置在切割路线以外；

（2）在程序中，设置保护气延时，即在加工之前，先打开保护气一段时间；

（3）由于切割，开始的瞬间激光能量低，所以在程序中要设置出光延时，即先出光一段时间，然后再进行切割。

五、　切圆成椭圆、切方形成平行四边形

造成这种情况有两个原因：一是机床的参数设置不准确，造成 x、y 轴不同步；二是 x、y 轴导轨不垂直。

解决措施：

（1）恢复厂家设置。如果厂家提供的参数也不准确，可自己通过试切来修改参数中 x、y 轴当量；

（2）检查工作台滑轨内螺钉是否松动，如松动则需拧紧；用磁力表座配合千分表校正 x、y 轴的垂直度。

六、　切割时工作台跳动且位置大致固定

引起跳动主要有三方面原因：

（1）传动带长时间拉伸造成永久变形；

（2）传动轴小齿轮槽有污垢，造成不当的啮合；

（3）大小减速轮装置中的小齿轮槽有污垢。

解决措施：

（1）更换新的传动带；

（2）用机油清洗传动轴齿轮槽的污垢；

（3）用机油清洗减速轮小齿轮槽的污垢。

七、　其余问题及解决方案

除了上述问题外，在切割过程可能还会出现其他一些问题，见表 7－5。

表 7－5　切割过程中其他问题产生的原因及解决措施

故　障	原　因	解 决 措 施
激光电源打不开	① 急停开关闭合； ② 激光电源损坏； ③ 三相电源相序错误	① 旋开急停开关； ② 更换激光电源； ③ 调整三相电源相序
切割时发生报警	① 冷却系统设定温度没有达到要求，导致激光腔体内温度超过设定值，可能会损坏激光管； ② 冷却系统中的水压过低，水量不够	① 开机前先打开冷却系统，如果激光管已经损坏则要更换新的； ② 往冷却系统中的水箱添加蒸馏水，达到合适的水位，要求蒸馏水为 pH7～8 之间
切割尺寸偏大	① 没有设置半径补偿； ② 机床的出厂参数设置不对	① 设置正确的半径补偿； ② 对照使用说明书修改厂家参数或者通过试切来修改参数
切割面边缘熔边现象严重	① 激光输出功率过大； ② 切割速度过慢； ③ 没通辅助气体或辅助气体压力偏小； ④ 喷嘴结构设计不合理	① 降低激光输出功率； ② 增大切割速度； ③ 切割时吹高压的辅助气体； ④ 选择合适的喷嘴

第七节　激光切割设备的维护

激光技术与计算机技术的结合，使激光切割技术有了快速的发展，正确使用激光切割机和及时解决使用中出现的问题是非常必要的。激光切割设备平

时需要维护,要做好以下工作:

(1)每天定时定量进行清洁,去除工作台面、限位器和导轨上的杂物,并在导轨上喷润滑油。

(2)要定时清除工件收集箱里的废料,以防废料过多堵塞抽风口。

(3)每半个月定时清洗冷却系统一次,排尽机内脏水,再充满纯净水(最好是蒸馏水),因为污染的冷却水会损坏激光发生器。

(4)45°反射镜和聚焦镜片要每天用专用清洗液擦洗一次,擦洗时要用棉签或棉棒蘸着清洗液从聚焦镜中心向边缘按逆时针方向擦洗,同时应小心,防止划伤镜片。

(5)室内环境会对机器的寿命产生影响,特别是潮湿和多尘环境。潮湿环境容易使反射镜片生锈,同时也容易造成电路短路或激光器放电打火。

Appendix

附　录

附录1　激光切割中常用材料切割规范

材　料	厚度(mm)	辅助气体	切割速度(mm/min)	割缝宽度(mm)	功率(W)
低碳钢	3.00	氧	600	0.2	
不锈钢(18Cr$_8$Ni)	1.00	氧	1 500	0.1	
钛合金	40.00	氧	500	3.5	
钛合金	10.00	氧	2 800	1.5	
有机玻璃(透明)	10.00	氮	800	0.7	
Al$_{21}$氧化铝	1.00	氧	3 000	0.9	
聚酯地毯	10.00	氮	2 600	0.5	
棉织品(多层)	15.00	氮	900	0.5	250
纸板	0.50	氮	3 000	0.4	
波纹纸板	8.00	氮	3 000	0.4	
石英玻璃	1.90	氧	600	0.2	
聚丙烯	5.50	氮	700	0.5	
聚苯乙烯	3.20	氮	4 200	0.4	
硬质聚氯乙烯	7.00	氮	1 200	0.5	
纤维增强塑料	3.00	氮	600	0.3	
木材(胶合板)	18.00	氮	200	0.7	
低碳钢	1.00	氧	4 500		
低碳钢	3.00	氧	1 500		
低碳钢	6.00	氧	500		
低碳钢	1.20	氧	6 000	0.15	
低碳钢	2.00	氧	4 000	0.15	500
低碳钢	3.00	氧	2 500	0.2	
不锈钢	1.00	氧	3 000		
不锈钢	3.00	氧	1 200		
胶合板	18.00	氮	3 500		

附录 2　常见激光器种类及其典型技术参数

属性	种类	公司名称	产品型号	工作波长	输出功率	脉冲能量	横模	偏振
固体激光器	红宝石(Ruby)激光器	Pinnacle International	NAL - 707TP	694 nm		20 mJ~20 J		
	Nd:YAG 激光器	Spectron		1 064 nm		8 mJ		
	铒(Er:YAG)激光器	Beamtech Optronics	SL502Q	2 940 nm				
	钬(Ho:YAG)激光器	Coherent		2 100 nm		0.5~2.8 J		
气体激光器	二氧化碳激光器	Edinbergh Instruments	WH 系列	10 600 nm				
	氩激光器	LG-Laser	162 LGA	458~514 nm	40/20 mW	1.5 J	TEM₀₀	线偏振线
	氦氖激光器	Melles Griot		543~1 523 nm	0.2~35 mW		TEM₀₀	圆偏振线
液体激光器	染料激光器	Badiant Dyes		400~850 nm			TEM₀₀	
半导体激光器		HPD	1 005	700~880 nm	500 mW			
			4 005	820~850 nm	5 mW			

附录 3　500 W 固体激光器的切割参数

材质	切割厚度 (mm)	切割最大速度 (mm/min)	打孔直径 (mm)	最小切缝宽 (mm)	切割 条件	备　注
不锈钢	0.5	3 200	0.15	0.12	吹压缩空气	1. 吹氧气切速可提高 50% ～ 100% 2. 吹氮气切面光滑无氧化,速度会减慢 20%
	1	1 800	0.2	0.15		
	2	900	0.25	0.2		
	3	400	0.3	0.25		
	4	250	0.4	0.3		
	5	180	0.6	0.4		
	6	120	0.7	0.45		
碳钢	0.5	3 200	0.12	0.12	吹压缩空气	吹氧气切速可提高 50%～100%
	1	1 800	0.15	0.12		
	2	900	0.2	0.15		
	3	400	0.3	0.2		
	4	250	0.5	0.3		
	5	200	0.6	0.35		
	6	150	0.8	0.4		
铝	0.5	3 200	0.12	0.12	吹压缩空气	
	1	1 800	0.15	0.12		
	2	900	0.2	0.15		
	3	400	0.25	0.2		
	4	250	0.3	0.25		
	5	150	0.4	0.3		
	6	120	0.5	0.4		
黄铜	0.5	2 000	0.15	0.12	吹压缩空气	
	1	1 200	0.2	0.15		
	2	700	0.25	0.2		
	3	300	0.3	0.25		

（续表）

材质	切割厚度 (mm)	切割最大速度 (mm/min)	打孔直径 (mm)	最小切缝宽 (mm)	切割 条件	备　　注
黄铜	4	240	0.4	0.3	吹压 缩空气	
	5	120	0.5	0.4		
纯铜	0.5	800	0.12	0.12	吹压 缩空气	
	1	500	0.15	0.12		
	2	200	0.2	0.15		

注：小于 1 mm 厚的切面无斜度，大于 1 mm 厚的切面斜度小于 1.5°

附录 4　国内主要大功率激光加工设备制造企业名录

（排名不分先后）

序号	企业名称	主营产品	成立时间
1	上海团结普瑞玛激光设备有限公司	大功率激光设备生产	2003 年
2	深圳市大族激光科技股份有限公司	CO_2 大功率激光切割机	1999 年
3	武汉法利莱切割系统工程有限责任公司	大功率数控激光切割机	2003 年
4	武汉楚天激光	工业激光、医疗激光、激光加工	1985 年
5	沈阳大陆激光成套设备有限公司	激光设备生产	2000 年
6	沈阳大陆激光技术有限公司	激光焊接设备制造	1998 年
7	沈阳大陆企业集团有限公司	激光切割焊接设备制造用	1999 年
8	武汉华工团结激光技术有限公司	大功率激光器	2007 年
9	武汉三工光电设备制造有限公司	激光划片机	2005 年
10	武汉团结激光设备公司	数控激光切割焊接设备	1994 年

附录 5 国外主要大功率激光设备制造企业名录 [60~65]

（排名不分先后）

序号	企 业 名 称	国别	主 营 产 品	成立时间
1	TRUMPF(通快)	德国	CO_2 和 YAG 激光成套设备	1923 年 注：1981 年开始涉及激光设备
2	PRC Laser	美国	CO_2 激光和固体激光器	1985 年
3	Bystronic(百超)	瑞士	高速纵向龙门移动式光路、飞行光路	1964 年 注：1993 年进入中国市场
4	PRIMA(普瑞玛)	意大利	三维立体切割、自动聚焦、恒光路技术、三维激光机器人	1969 年 注：1980 年开始涉及激光设备
5	MAZAK(马扎克)	日本	激光加工机控制系统、定长光路系统	1919 年 注：1998 年全面进入中国市场
6	AMADA(天田)	日本	机载激光器龙门移动大幅面厚板材激光切割机	1946 年

R*eferences*

参 考 文 献

［1］ 刘其斌. 激光加工技术及其应用［M］. 北京：冶金工业出版社，2007.

［2］ 魏彪，盛新志. 激光原理及应用［M］. 重庆：重庆大学出版社，2007.

［3］ 张永康. 激光加工技术［M］. 镇江：江苏大学出版社，2004.

［4］ 周炳琨，高以智，陈倜嵘，等. 激光原理［M］. 北京：国防工业出版社，2000.

［5］ 李力钧. 现代激光加工及其装备［M］. 北京：北京理工大学出版社，1993.

［6］ 李建新，王绍理. 激光加工工艺与设备［M］. 武汉：湖北科学技术出版社，2008.

［7］ 邓开发，陈洪. 激光技术与应用［M］. 长沙：国防科技大学出版社，2002.

［8］ 阎吉祥，崔小虹，高春清，等. 激光原理与技术［M］. 北京：高等教育出版社，2004.

［9］ 关振中. 激光加工工艺手册［M］. 北京：中国计量出版社，2007.

［10］ 浜崎正信. 实用激光加工［M］. 陈敬之，译. 北京：机械工业出版社，1992.

［11］ 郑启光. 激光先进制造技术［M］. 武汉：华中科技大学出版社，2002.

［12］ 邵丹，胡兵，郑启光，等. 激光先进制造技术与设备集成［M］. 北京：科学出版社，2009.

［13］ 张韶辉. 激光切割工艺技术研究［D］. 西安：西安理工大学，2005.

［14］ 毕华丽. 激光切割技术中关键技术的试验研究［D］. 大连：大连理工大学，2005.

［15］ 谢小柱. 基于壁面聚焦效应的 CO_2 激光切割非金属材料机理和关键技术研究［D］. 长沙：湖南大学，2006.

［16］ 罗敬文. 三维数控激光切割机［J］. 激光与光电子学进展，2009.

［17］ 李宇顺，罗敬文. 中国大功率激光装备的发展［J］. 锻压装备与制造技术，2008（3）.

［18］ 滕杰，王斌修. 激光切割过程中常见问题的分析及解决措施［J］. 电加工与模具，2009.

[19] 陈根余,曹茂林,黄丰杰. 三维激光切割的应用和研究[J]. 激光与光电子学进展,2007.

[20] 何峋. 激光切割钢板的若干工艺问题[J]. 电气制造,2009(1).

[21] 阎启,刘丰. 工艺参数对激光切割工艺质量的影响[J]. 应用激光,2006.

[22] 杨苏庆,周骥平. 激光切割板材的关键技术[J]. 机械制造与自动化,2007.

[23] 郭玉彬,霍佳雨. 光纤激光器及其应用[M]. 北京:科学出版社,2008.

[24] 楼祺洪. 高功率光纤激光器及其应用[M]. 合肥:中国科技大学出版社,2010.

[25] 习聪玲,乔学光,贾振安. 光纤激光器的研究与发展前景[J]. 光通信技术,2006(1).

[26] 武建芬,陈根祥. 光纤激光器技术及其研究进展[J]. 光通信技术,2006(8).

[27] 陈苗海. 高功率光纤激光器的研究进展[J]. 激光与红外,2007.

[28] 刘敬海,徐荣甫. 激光器件与技术[M]. 北京:北京理工大学出版社,1995.

[29] Alam S U, Grudinin A B. Tunable picosecond frequency-shifted feedback fiber laser at 1 550 nm [J]. IEEE Photonics Technology Letters, 2004,16(9): 2012 - 2014.

[30] Cranch G A, Englund M A, Kirkendall C K. Intensity noise characteristics of erbium-doped distributed-feedback fiber lasers [J]. IEEE Journal of Quantum Electronics, 2003,39(12):1579 - 1587.

[31] Dai Y, Chen X, Sun J, Yao Y et al. Dual-wavelength DFB fiber laser based on a chirped structure and the equivalent phase shift method [J]. IEEE Photonics Technology Letters, 2006,18(18):1964 - 1966.

[32] Hinduer A, Chartier T, Brunel M et al. Generation of high energy femtosecond pulses from aside pumped Yb-doped double-clad fiber laser [J]. Appl. Phys. Lett. , 2001,79(21):3389 - 3391.

[33] Jackson S D. Developments in high-power fibre lasers [C]. The 5th Pacific Rim Conference on Lasers and Electro optics, 2003,2:429.

[34] DIN 2310: Thermal Cutting, Part 5: Laser Beam Cutting of Metallic Materials, Principles of Process, Quality, Dimensional Tolerances [S]. Beuth Berlin, Germany, 1990:97.

[35] 早崎英彦. 热切断技术[J]. 熔接技术,1992,40(5):88 - 93.

[36] 陈继民,徐向阳,肖荣诗. 激光现代制造技术[M]. 北京:国防工业出版社,2007.

[37] 梁桂芳. 切割技术[M]. 北京:机械工业出版社,2005.

[38] 张应立,罗建祥,张梅. 金属切割实用技术[M]. 北京:化学工业出版社,2005.

[39] 花银群,张永康,杨继昌. 激光切割表面质量比照判别与控制方法[J]. 金属热处理,2001(6).

[40] Miyanoto I, Maruo H. The Mechanism of Laser Cutting [J]. Welding in the Wodd, 1991,29(9):283 - 294.

[41] NgsL, Lum K C P, Black. I. CO_2 laser cutting of. MDF. 2. Estimating of power distribution [J]. Optics and Laser Technology, 2000,32(1):77 - 87.

[42] 上海团结普瑞玛激光设备有限公司. 激光切割机使用说明书. 随机资料,2009.

[43] 黄丰杰. 车身覆盖件的三维激光切割工艺研究[D]. 长沙:湖南大学,2008.

[44] Trumpf. Werkzeug maschinen GmbH+Co. KG. Criteria for the evaluation of laser cuts [S], 2000.

[45] Thermal cutting, Classification of thermal cuts, Geometrical product specification and quality tolerances (ISO 9013:2002) [S], German version EN ISO 9013:2002.

[46] 黄开金. 二维物体(管材)CO_2 激光切割的研究[D]. 武汉:华中理工大学,1999.

[47] B. S. Yilbas. Laser cutting quality assessment and thermal efficiency analysis [J]. Journal of Materials Processing Technology. 2004(155 - 156):2106 - 2115.

[48] Zhang Yongqiang, Chen Wuzhu, Zhang Xudong et al. Synthetic evaluation and neural-network prediction of laser cutting quality [J]. SPIE, 2005(5629):237 - 236.

[49] 梅丽芳,陈根余,刘旭飞,等. 车身覆盖件的三维激光切割工艺[J]. 中国激光,2009(12).

[50] 邓家科,王中,朱付金,等. 数控激光切割技术发展趋势与市场分析[J]. 激光与光电子学进展,2009.

[51] 梁桂芳. 切割技术手册[M]. 北京:机械工业出版社,1997.

[52] 梁桂芳. 国外造船切割技术发展现状[J]. 造船技术,1995,8(186).

[53] 黄开金,谢长生. 三维激光切割的发展现状[J]. 激光技术,1998(12).

[54] 波普拉韦. 激光制造工艺[M]. 张冬云,译. 北京:清华大学出版社 2008.

[55] 梅丽芳. 汽车白车身零部件激光三维切割与搭接焊研究[D]. 长沙:.湖南大学,2010.

[56] Rofin-sinar laser. Introduction to industrial laser materials processing [J]. Hamburg, 2000,113.

［57］　姜峰，张雷. 激光切割机的发展及其关键技术［J］. 机械工程师，2000(6).

［58］　张银江，方鸣岗. 激光精密切割技术研究［J］. 激光与红外，2004，34(3).

［59］　王磊. 国外激光设备生产厂家信息［OL］.［2011 - 04 - 14］. http://celebrity.
blog. yidaba. com/blogdetail/3811026. shtml.

［60］　TRUMPF GROUP［OL］.［2009 - 05 - 15］. http://www. trumpf. com.

［61］　PRC Laser Corporation［OL］.［2010 - 06 - 03］. http://www. prclaser. com/
about. shtml.

［62］　瑞士百超(Bystronic)激光有限公司［OL］.［2006 - 10 - 26］. http://www.
coema. org. cn/news/article/1/4/21/2006/200610261707. html.

［63］　PRIMA INDUSTRY［OL］.［2008 - 12 - 05］. http://www. primaindustrie.
com/en/ourworld_en/history_en. html.

［64］　AMADA CHINA GROUP［OL］.［2007 - 09 - 06］. http://www. amada.
com. cn/Company. do.

［65］　MAZAK Official web site［OL］.［2010 - 02 - 05］. http://www. mazak. com/
chinese/index. html.